JN101938

未来の食品業界を担う〝後輩《経営者》〟たちへ

滝椎戸《たきしいど》寒《かん》の乾物日記

元日本アクセス代表取締役社長・会長
田中茂治 著

日本食糧新聞社

はじめに

僕は1974年に伊藤忠商事に入社してから2019年に日本アクセスを退社するまでの約45年間、ずっと食品流通業界で仕事をしてきました。

仕事を通じて様々な食品知識を身に付けることができたし、業界の多くの方々から流通知識を学ぶことができました。業界の素人だった僕が、成長して伊藤忠商事の食料カンパニープレジデントや日本アクセスの代表取締役社長という大役を務めることができたのは、僕を育ててくれた食品流通業界のおかげに違いありません。まずは業界の皆さんに心から感謝を申し上げたいと思います。

僕は現役を退いた後、お世話になった業界になんとか恩返しがしたい、恩返しする方法はないかと考え続けていました。そして自分なりに出した答えが、後輩や業界の友人達へ自分の日記ブログをメール配信することでした。

単に個人的な生活日記を配信するのではなく、食品流通業界に関わる僕の問題意識や経営に関する意見や所感を日記に託して後輩達に伝えようと考えたのです。

一方的な配信ですから返信は期待できないし、常に後輩や友人達が問題意識や意見を共有してくれるとは限りません。それでも僕は構わないし、一人でも参考にしてくれたなら嬉しいと思い、配信することにしたのです。

現在に至るまでに、日記の配信は2年以上続けておりますし、配信先リストは80人を超えました。

当初日記を配信するにあたってはテーマを絞った方が良いと考えて、僕が現役時代に最も注力していた「乾麺乾物業界の成長に関する問題意識」を日記のテーマとしました。従って、配信する日記の題を「滝椎戸寒の乾物日記」と称して配信したのです。

滝椎戸寒とは僕の若い時からのニックネームです。以来、30年以上僕は国内外で自分のペンネームとして使用しています。

すると、配信先の一人でもあった日本食糧新聞社の今野会長から「うちの新聞で日記の連載をしてみないか?」とのお声をかけていただき、2022年2月4日から2023年2月27日までの1年間で30回の連載をして頂きました。

連載が終了すると、再び今野会長から「連載が終わったら、日記をまとめて出版しないか?」とのご提案をいただき、日本食糧新聞社さんのご協力を得て今回出版することにした次第です。

ただし出版にあたっては自分なりの条件をつけました。それは、本の印税をWFP（国連世界食糧計画）に寄付することです。僕は現役時代からWFPへの協力を続けてきました、現在でも個人的な寄付を継続しています。

従って、もしこの本が売れて、世界で飢餓に苦しむ子ども達を一人でも助けることができれば至上の喜びですし、実は密かに期待してもいるのです。


出版にあたっては内容を2部構成にしました。

第1部では日本食糧新聞に連載された日記、及び連載終了後に配信した日記の中からできるだけ普遍的な内容の34篇を選び、「滝椎戸寒の乾物日記」として掲載しました。

なお日記には業界人数名のお名前を出していますが、決してご迷惑をおかけすることはないと確信しております。

第2部には僕の「褌経営のススメ」という講演内容を原稿のままで掲載しました。この講演は2021年11月16日に日本食糧新聞社の要請により同社主催の経営者フォーラムで行ったものです。内容は日本アクセス社長時代の経験を踏まえた、僕なりの後輩経営者達へのメッセージです。

最後になりますが、この本を通じて僕の食品流通業界に対する感謝の思いが業界の皆さんに届くことを、心から祈念しております。また同時に、この本が今後の乾麺乾物業界はもちろん、食品流通業界全体の成長発展に少しでもお役に立てることができれば幸いです。

２０２３年9月　田中茂治

注：ＡＫ研とは

「乾物日記」の中に出てくるＡＫ研とは「アクセス乾麺乾物研究会」の略式名称です。同会は僕が日本アクセスの社長時代に、日本の乾麺乾物市場の育成、成長を目的に設立しました。

現在乾麺乾物業界のメーカー１３５社が会員登録しており、日本アクセスと一体となって市場開発に取り組んでいます。

目　次

第2部　褌《ふんどし》経営のススメ……144

第１部

乾物乾麺市場の成長発展を

2022年
2/4 Diary

昨年の12月15日付の日本食糧新聞の一面に「乾物の機能性に注目」の記事が載っており、読んだ僕の顔が思わずほころんだ。

この記事にある「乾物は乾燥させることで栄養価やうまみが増す」「100g当たりの生鮮と乾物の大根の栄養価を比較すると、乾物は重量当たりの栄養価が高まる」を読むと、あらためて乾物の価値を再認識するし、乾物業界はこの事実を告知拡大することがやはり必要だな、と強く思う。

さらに機能性乾物商品として、某椎茸メーカーさんの商品が紹介されているのを見て、ますます僕の顔がほころんだ。僕は旧知であるそのメーカーの方と顔を合わせるたびに「椎茸の付加価値を高めた商品開発に全力を挙げなさいよ！」と口酸っぱく言っていたが、同社はようやく実現してくれたようだ。

そもそも椎茸業界は、乾椎茸の魅力や機能性をもっとアピールすべきだろう。ビタミンＤなどの栄養機能もさることながら、原点である椎茸のうまみ＝グアニル酸効果はもっと消費者に知らしめるべきだ。

乾物によるだしのうまみ効果は、足し算ではなく掛け算だといわれている。つまり鰹節だし（イノシン酸）と昆布だし（グルタミン酸）の両方を一緒に使っただしのうまみは、単に両うまみを足したうまみではなく、掛け合わせたうまみに増大するという。これに乾椎茸のグアニル酸を加えた「グルタミン酸×イノシン酸×グアニル酸」は最強のうまみを創造するはずだ。

最近、米国から乾椎茸パウダーをパティに使った「ウマミバーガー」ショップが日本に逆上陸したが、日本人は椎茸の「ウマミ」を米国人に学んでいるのではないか？ 椎茸を使った「ウマミバーガー」は本来なら日本発であるべきなのに、情けない思いだ。

そこで、アクセス乾物乾麺市場開発研究会（通称AK研）※には、乾椎茸が有するうまみや機能性の社会的認知を広く高めてもらいたいと思う。
例えば日本アクセスの展示会では定番になっている、だしやつゆの比較試飲企画に「椎茸グアニル酸のうまみ力再発見」企画を加えるのはどうだろう。鰹節や昆布の業界に比べて、どちらかというと地味な椎茸業界の成長発展に少しでも貢献できるのではないだろうか。

「節分そば」で食品ロス削減

2022年
2/7
Diary

某友人と節分の話をしていたら、驚くような質問を受けた。「節分では豆を自分の年齢の数だけ食べるのですか？」僕は「貴兄にも食育が必要なようだね」と答えておいたが、大人でも知らない日本の食文化を今の子どもたちが知らないことは容易に想像できる。何とかしたいものだ。

節分に豆をまく風習は、平安時代の鬼を退散させる宮中行事が室町時代に豆まきの形になって民間に広がったそうだ。なぜ節分に豆を食べるのか？という理由についてはさまざまな説があるようだが、僕は「鬼の目、すなわち魔目に豆をぶつければ魔滅《まめ》になる」という説が正解だと思う。やはり日本の食文化は洒落《しゃれ》と縁起担ぎの文化なのだ。また、「豆には穀物の霊魂が宿っていて特別な力がある」と信じられていたようだから、自分の年齢の数だけ豆を食べることに意味を持たせていたのだろう。

僕が子どものころは毎年、親がまいた豆を床から自分の年齢の数だけ拾い上げ、そのまま食べていた。床に落ちた食べ物を洗わずにそのまま食べるのは、今から思うとちょっと汚いかもしれない。今の子どもたちには伝えたくない習慣かもしれない。しかし、そんな習慣のおかげで僕たちは健康に育ってきたのだ。過剰な無菌状態で子どもたちを育てることにはあまり賛成できない。

節分とは日本の二十四節気に区分された暦のうち、立春の前日を指す。昔の暦では立春が正月だから、節分は大晦日に相当する。であるならば、節分には豆だけではなく、大晦日と同様にそばを食べる風習はないのか？ 調べてみるとあった、あった！ 出雲地方などにその風習があるようだ。さすが出雲はそばどころだ。

AK研（アクセス乾物乾麺市場開発研究会）として、節分には旧暦の年越しそばといえる「節分そば」を食べる食文化を全国に広げる企画を検討できないものだろうか？「節分の鬼退治の後は、そばと恵方巻きをセットで食べて頑張るぞ！ キャンペーン」を打ち出そうではないか。

また、まいた豆をそばの具材として食べるアイデアはどうだろう？ 高齢者をはじめ大人たちは、どうせ自分の年齢分の豆を食べきれないだろうから、煮豆に調理するなどしてそばと一緒に食べれば、「大豆タンパク入り健康そば」となる。まいた豆を捨てることなく洗って料理に使えば食品ロス削減にもなり一石二鳥だ。いや健康効果も加えたら一石三鳥になる。

節分には旧暦の年越しそばといえる「節分そば」を食べる食文化を広げられないものだろうか。まいた豆を料理に使えばロス削減にもなり一石二鳥だ

毎年節分には、恵方巻きの過剰生産が大きな食品ロスを生んでいるとの指摘や非難がされてきた。そのため食品スーパー（ＳＭ）業界では今年から自主的な生産制限をするようだ。海苔や干瓢など乾物業界にとっては逆風となるが、やむを得ないだろう。

であれば「ロス削減運動」を家庭内でも奨励するために、「寒い節分には豆そばを食べる」という習慣を根付かせたい。消費者からは「豆のロスを削減する料理はエシカル料理」とのコンセンサスが得られるはずだ。しかし簡単な課題ではない。実現するにはマメな努力が求められるだろう。

「勝魚節」食べて受験に勝つ

2022年
2/14 Diary

受験シーズン到来だ。

僕は自分の大学受験に苦い経験がある。5つの大学を受験したが、最初に受験した同志社大学を滑って落ちたのだ。試験の前日に友人と2人で京都のホテルに宿泊し、明け方まで語り合ってほぼ徹夜したことを試験に落ちた言い訳にしている。初めての受験に柄にもなく緊張していたのかもしれない。

わが家の一族は父も叔父貴たちも皆同志社の出身だったので、親戚からは「お前は親戚中の面汚しだ」と言わんばかりの冷たい視線を感じた。両親には申し訳なく、気まずい思いをした。だから、今でも同志社は好きになれない。いまだに劣等感を引きずっているのかもしれない。

受験と食品業界といえば、以前ネスレさんが受験生を対象にしたキットカット「きっと勝つ！」販促によって大成功されたことは有名だ。チョコレートでは珍しい洒落文化の応用だった。この洒落文化は日本独特で、日本で成功したからといって、外国では通用するわけではないだろう。では、受験と関係付けられる乾物はないか？と業界を見渡すと、鰹節が見つかった。

言うまでもなく鰹節は「勝魚」で縁起が良く、鰹節の表示は受験シーズン販促用に「勝魚節」に変更できるだろう。最近、日清食品さんが同じように「勝プヌードル」と商品表示して販売しているが、それよりは多少マシな洒落ではないだろうか。ただ、チョコレートやカップヌードルと違い受験生が喜んで鰹節を食べてくれるかどうかは疑問だ。受験生が受験当日の朝、勝魚節をご飯に山ほどかけた「ネコまんま」を食べて出陣してくれることに期待したい。

ところで、鰹節は歴史上で日本食文化の発展のみならず、日本の経済発展にも重要な役割を果たしてきた。徳川時代末期、日本橋のにんべんさんが鰹節の商品券を開発し発行した。日本で最初に発行された商品券だそうだ。商品券といっても紙製ではなく、銀製の貴重なものだったという。にんべんさんは現物商品に加えて手軽に扱える鰹節の商品券を流通させることで鰹節需要を拡大させ、また新たな贈答品需要を開発することで事業を成長させてこられたのだ。にんべんさんが開発した商品券は現在、百貨店などで当たり前の流通商品となっており、10兆円規模といわれるギフト市場を支えている。

乾物商人が日本の食文化のみならず、日本経済の発展にも貢献した事例である。

受験生が受験当日の朝、縁起の良い「勝魚節」をご飯に山ほどかけた「ネコまんま」を食べて出陣してくれることに期待したい

パートナー見つけ需要を拡大

2022年
3/25 Diary

僕は若いころ、そばが嫌いだった。故郷の名古屋、愛知県はうどん文化圏であったため、そばをあまり食さなかった。うどんのツルツルしたのど越し食感に比べて、そばのモソモソした食感が好きではなかった。しかし、ある日突然そばのおいしさに気付き、以来そばファンになったのだ。

その「ある日」は、20年以上前になるが家族で信州・戸隠に旅行に行った時のこと。戸隠《とがくし》神社の前にあるそばの名店で昼飯を食べた（僕は気が進まなかった）のだが、そこで食べたぼっち盛りのそばと山菜天ぷらが絶品だったのだ。

そばとはこんなにもおいしいものだったのか！と心底驚き、感激したことを覚えている。むろん東京にもうまいそばを食べさせる店はあるのだが、あの店の味に勝てるそばに今まで出会ったことがない。

同じそばなのに、一体何が違うのだろうか？まず、そば粉自体が違うのだろう。同店は長野の地元で採れたそばを使い、そば粉は通年にわたって鮮度良くおいしく食べられるように冷凍保存していると聞いた。

そしてつゆの違い。これは人によって好き好きがあるが、僕は戸隠風といわれる、少し甘めのつゆが大好きなのだ。東京風のつゆは少し辛過ぎないか？ 以前は、日本アクセス担当者に頼んでサンプル棚から戸隠風味のつゆをちょくちょく抜き取ってもらっていたほどだ（パワハラはしていないつもりだ。もししていたなら、これが本当の〝つゆ知らず〟だろう）。

そのほかにもそばの盛り方や店の雰囲気などの違いはあるかもしれないが、その店のそばがおいしい最大の理由は、やはり何といっても「戸隠のおいしい水」であると断言できる。

長野県産そば粉とそばと抜群に相性の良い戸隠の水が組み合わさって絶品のそばの味を生み出し、さらには戸隠高原の夏の爽やかな気候が同店のそばの味を引き立てているに違いない。

そばを主役とするならば、水は脇役といえるだろう。しかも、名脇役なのである。いくら良質なそば粉を使っても、使う水が悪ければおいしいそばはできない。主役一人がいくら頑張っても、良いドラマは決してつくれないことと同じことだ。ステキなドラマにはステキな主役とともに、必ず名脇役が存在していることと同じなのだ。

これは乾物においても同じことがいえるだろう。例えば乾物の煮付け料理では、切り干し大根やヒジキなどは主役を張れるだろう。しかし、おいしく炊くには、油揚げという名脇役が必要ではないか。鰹節や青海苔はお好み焼きをおいしく食べるのに欠かせない。両者とも主役であるお好み焼きや焼そばに欠かせない名脇役なのだ。

乾物を主役と脇役に分類できるとは思わないが、それぞれが伝統的なベストパートナーとのタッグをより強化すると同時に、新たなパートナーを探し出すことで「乾物使用メニューの拡大＝需要拡大」が実現できるだろう。

そばの需要が拡大したのも、もりそばやかけそばにこだわらず、ニシンそばや鴨南蛮そばなど、日本人が多くの新しいそばの名脇役＝パートナーを見いだしてきたおかげだろう。

僕の大好きな「海苔クリームパスタ」は、脇役の海苔がパスタという新しい主役を探し出したからこそ生み出されたのだ。

日本の乾物は、青い目をしたパートナーをもっと真剣に探し出すべきなのかもしれない。

アレルギーの原因は回虫？

2022年
4/4 Diary

最近、自分に一体どんなアレルゲンがあるのか病院で検査をしてもらった。花粉症だから当然スギやヒノキの花粉は検出されたが、驚いたことにキウイも検出された。一方、ワイフに検出されたアレルゲンとしてごまがあった。多くの食品や料理に含まれるごまでアレルギーが発症するのは少し厄介だ。おいしいごま料理を味わえないのはつらい。

調べてみると、キウイもごまも決して特異なアレルゲンではなく、ちゃんと主要アレルゲンリストに載っている。では、乾物でアレルゲンになっているのは何かと思ってリストを見ると、「そば」「ごま」「大豆」ぐらいで、他は見当たらない。

数あるアレルゲンの中で、そばによるアレルギー症状は最も深刻なものの一つだ。発疹ができたりかゆくなったりするようなレベルではなく、呼吸困難を引き起こす。まさに生死にかかわるぐらい重症になるのだ。実際、僕の友人がそばアレルギーと自分で認識していたのに、原料にそば粉が少し混じったケーキを気付かずに食べて発作を起こし、救急車で病院に運ばれたことがある。そば粉は料理の食材として使われるケースが増えてきているため、そばアレルギーの人は十分に気を付けねばならない。
僕の義理の息子もそばアレルギーである。だから、家族旅行で戸隠のそばのお店には彼を連れて行けない。ある日娘と一緒にそばを食べながら、「夫婦げんかで彼につらい目に遭わされたら、料理にこっそりそば粉を入れて復讐してやれよ！」と冗談を言って笑い合った。しかし、あの時娘の目は笑っていなかったような気がする。

ところで僕が花粉症になったのは、30歳を過ぎたころである。それまではまったく人ごとだった。「子どもを産んでから体質が変化したんだろう」と冗談を言っていたが、調べてみると「体質が変わったからではなく、環境が変わったから」という学説がある。
環境変化とは具体的に、１９８０年半ばごろから日本で大気汚染が顕著になったことを意味するのだそうだ（やはりちょうど娘が生まれたころと一致するぞ！）。通常の花粉は粒子が大き過ぎて呼吸器官には侵入できないが、大気汚染で粒子が破壊され、分離して発生するアレルゲンの粒子が小さく、これが侵入するようになったという説だ。

しかし、僕はアレルギーの原因はやはり「回虫」にあると考えている。昨年鬼籍に入られた、寄生虫博士として有名な藤田紘一郎博士の理論に１００％賛成しているのだ。博士の理論を詳しく知りたければ、博士の著本『笑うカイチュウ』や『清潔はビョーキだ』を読んだら理解できる。
要はわれわれの生活環境が清潔になり過ぎ、おなかの中に回虫がいなくなったからアレルギーが爆増しているということだ。われわれの子ども時代には、栄養不良だったり青鼻を垂らしていたりした友だちはいたが、アトピーなんて見たことも聞いたこともなかった。それは、みんなのおなかの中に回虫がいたからだ。藤田博士は持論を証明するために、実際にサナダムシを自分のおなかに飼って試したとか。なんと奥さんにも飼わせたらしい。涙ぐましい夫婦愛、美談ではないか！

目黒区の目黒通り沿いに「ギョウチュウ博物館」（正式名は目黒寄生虫館）という建物がある。僕はぜひ行ってみたいのだが、まだ行けていない。ワイフに「今度行こうよ」と誘うと「私はそんなところには絶対に行かないわ！」と雄たけびを上げた。僕は「ならば絶対に一人で行ってやる！」と小さくつぶやいた。

FOR THE NEXT GENERATION
——後輩達への伝言

2022年
5/23
Diary

発表された各商社の2022年3月期決算は資源高もあって好調だった。三菱商事も三井物産も純利益が9000億円を超えたの対して、伊藤忠商事は8200億円。伊藤忠も好決算ではあったが、商社純利益第1位から第3位に転落した。伊藤忠は他2社と比べて資源分野の事業ポートフォリオが小さいため、やむを得ないだろう。

伊藤忠は昨年の21年3月期には最終利益、株価、時価総額で2社を上回り、商社3冠を達成した。時価総額では20年前の10倍となる6兆円になった。たった1年で3冠の栄誉を失ったとは言え、大幅な増益を達成し、かつ2年連続で史上最高益を達成したのだ。頑張った後輩達には敬意を表したい。

ちなみに日本アクセス前期の決算は、公表はまだだが史上最高益を達成し、業界で利益№1の卸としてのポジションを維持したようだ。しかも前期は売上でも№1となったはずだ。日本アクセス純利益の伊藤忠連結利益に対する貢献度は100億円強と小さく見えるが、数ある国内事業会社の中ではトップクラスだ。恐らく食料関連事業会社の中ではFMに次ぐ規模だろう。つくづく後輩達の成長を誇りに思う。最近まで伊藤忠の株価は４０００円を超えていたが、現在は３６００円近辺にまで下がっている。しかし、１９９０年代には株価が２００円を割り込み、破綻まで懸念されたことを思えば、実に隔世の感がある。当時は業績が振るわず、２０００年３月期には約４０００億円もの特別損失を計上し、９００億円近い赤字に転落していたのだから、株価が低迷するのも不思議ではなかった。伊藤忠にはそんな苦しい時代もあったのだ。

僕が役員に昇格したのは２００２年で50歳の時。まさに伊藤忠が苦しんでいた頃だった。役員に昇格したことは嬉しかったが、いかんせん時期が悪かった。せっかく役員になれたのに、年収が減収になってしまった。業績が不振だったため、役員には賞与は支給されなかったからだ。ワイフが僕に「役員にはボーナスが出ない会社なの？」と恨めしく質問したのは当然だろう。自分の夫が何か処罰を喰らったせいではないか？と密かに疑ったのかもしれない。

当時の丹羽宇一郎社長は巨額損失の経営責任を取るために、自分の報酬をゼロにすると自ら決断されていた。よって経営会議では、役員賞与を無支給にする提案に異論は一切出なかったようだ。経営責任の取り方を、一般的な「報酬カット」ではなくあえて「報酬ゼロ」と決断し公表した丹羽さんは、当時世間の注目を集めていた。しかし、丹羽さんは身内の僕達には小さな声で、「無給でも税金は支払わねばならないことに気づかなかった。早まったな。今更取り消せないしな。」とぼやかれていたことを思い出す。潔くまた正直な社長だった。

当時、仮に賞与が支給されていたとしても少額だったはずだ。伊藤忠の賃金制度は大きく業績に連動し、とりわけ役員賞与の業績連動レベルは一般社員の比ではなかった。現在も業績との連動性は維持されているはずだ。すると、業績が著しく改善した今では制度による恩恵は大きいだろう。現在の伊藤忠役員達は僕達の時代をはるかに上回る年収を得ているはずだ。正直言って羨ましい（ただし、それなりの賞与を得るには自己の予算達成が必須）。

しかし、僕は年収が減ったからと言って、自分の仕事に決して不満を持ったわけではない。毎日追いかけている仕事には常に夢やロマンがあった。だから仕事が楽しくて仕方なかった。夢やロマンを食べてもお腹が膨れることはないが、心は満たされる。働きがいが感じられる。加えて、仕事上のロマンを丹羽さんと言うトップと共有できたことは幸せだった。


丹羽さんは食料カンパニーの先輩である。僕は自分がカンパニープレジデントになってからも丹羽さんが掲げられたカンパニーの経営理念である「For the next generation」及び基本戦略としての「ＳＩＳ戦略（Strategic Integraded System）」を引き継いだ。僕はとりわけこの理念が大好きで、アクセスの社長になってからもよく引用したものだ。この理念は、現在流行語にもなっている持続的成長やＳＤＧｓの概念と同義語と言えるだろう。そして日本アクセスの理念「心に届く美味しさをまもる、つなぐ、つくる」とも同義語である。僕達は20年以上も前からこの理念で仕事をしてきたのだ。今、ひっそりと自画自賛している。

現在の伊藤忠は大きく成長した。僕達の時代の十倍以上もの利益を稼ぐ優良企業に成長した。でも僕は成長した今の伊藤忠を、両手を上げて祝福する気にはなれない。企業文化が大きく変わってしまったのではないか？伊藤忠の本来の良さを失ってはいないか？具体的に言えば、「今の役員や社員は自分の仕事に夢やロマンを持てていないのではないか？」「予算を達成することだけが、仕事をする上での目標になってはいないか？」「予算を達成するために、何か大切なものを犠牲にしているようなことはないか？」などの心配事がある。

後輩達からは「余計な心配はしなくていいっすよ」と、諭されるかもしれない。

このような心配は「昔はよかった」と懐かしむOBのノスタルジーにすぎないかもしれない。

企業改革で成長できたのだから、企業文化はむしろ良くなったと信じるべきかもしれない。

企業文化の変化は、昔のOBだけが感じる「改革に伴う必然的な痛み」なのかもしれない。

しかし、と思ってはみても、今の若い後輩達はやはりどこかしら冷めている印象だ。業績は良くても、仕事に対する情熱や誇りが欠如している気がしてならない。僕の思い違いであれば良い。OBの単なる杞憂にすぎないことを願うばかりだ。

予算必達の文化が悪いわけではない。問題なのは予算達成のために手段を選ばないことだ。

もちろん、今ではコンプライアンス違反をしてまで予算を達成しようとする社員はいないと信じている。かつての日本アクセスでは、この種の違反が度々あり頭を悩ました。中には自分のポケットマネーで会社の利益補填をしたケースがあったことに驚いたものだ。当時の同社には、間違った予算文化が根強く残っていたのだ。

どんな場合もコンプライアンス遵守は当然だが、それ以外にも会社や事業部門に損失を与える「やってはいけないこと」がある。主として経営の主幹を担う後輩達に伝えておきたい。

自分の目先の予算を達成するためだけに、貴重な資産を売却してはならない。

今の利益を優先するために将来のキャッシュフローの源泉となる資産を売却してはならない。今ある資産は先輩達が汗水流して積み上げてきたものであり、自分だけのものではないのだ。もちろん資産の入れ替えは必要だが、代替資産の収益性を綿密に比較分析し、資産入れ替えによってより高い収益を実現できそうになければ、安易に資産を売却するべきではない。僕達の時代に資産効率向上を目指したROA重点経営は、今では優先順位はさほど高くないだろう。

また、人財という資産は使い捨てではなく、むしろ活かし大切に育成していかねばならない。

さらに言えば、自分の好き嫌いでビジネスや取引先を選択するような事があってはならない。目先の利益のために取引先や仲間の信頼を裏切るようなことも、決してあってはならない。

などなど、言い出したらきりがない。先輩面して言いたいことは山ほどある。

しかし、僕が後輩達に是非とも伝えたい、伝えておかねばならないと思うのは、次の一言だ。

「君達の仕事の目的は、今をもっと良くして次世代にしっかり繋いでいくこと。」

そう、「For the next generation」こそが君達のミッションだ。

利益を稼ぐことは目的ではなく、あくまでも手段だ。利益を稼がねばならないのは、この目的を実現するためには利益がどうしても必要だからだ。どうか足元の利益ばかりを追いかけず、もっと先のあるべき将来を良く見据えて欲しい。

見据えるのは会社の将来だけではない。食品業界全体の将来も見据えて欲しい。そして、その上で「For the next generation」のミッションを常に念頭に掲げながら、自分の仕事に果敢にチャレンジして欲しい。そうすれば、新しい世界が開けてくるはずだ。

君達が仕事に疲れて空を見上げる時、これまで暗かった空にはきっとロマンの光がさして来るはずだ。そしてその光が君達の疲れを癒し、明日に立ち向かう勇気を与えてくれるはずだ。

追記：日記の最後の方は、怪しいエセ宗教家のような口調になってしまい恥ずかしい。僕は後輩達の幸せを祈る一人のOB、いやお節介な閑居翁にすぎない。

不都合な真実
～食品安全管理に求められること～

2022年
5/30
Diary

今年の2月末、放射能汚染問題を理由にした日本の農水産物輸入禁止規制を台湾がやっと解除した。背景には国際情勢をにらんだ政治的配慮があったのかもしれない。理由はどうであれ、東北5県の農水産事業者にとっては朗報である。

一方で、大きな需要が期待できる中国や香港は輸入を禁止したままだし、韓国もかたくなに禁止を続けている。あの震災からすでに10年以上の月日が経過した今もだ。他国はほとんどが規制を解除している。食品安全管理基準が世界で最も厳しいといわれているEUでさえ、とっくの昔に輸入を許可している。もちろん基準をクリアしているからだ。当該5県産の農水産物は、汚染に対する安全基準を世界の最低レベル以下でクリアしている。にもかかわらず、いまだに輸入禁止措置を継続していることは、意図的に風評被害を広げているとしか思えない。

しかし、である。先般行われた政府による福島原発の処理水放出計画説明会において、全漁連の会長が「放水には断固として反対」との表明をしたことを知って、僕は「けしからんやつだ」と憤慨することはできない。憤慨するというよりは、なんだかやるせない気持ちになる。なぜなら一人の消費者として、全漁連が反対する理由を多少は理解できるからだ。

「処理水は浄化されて基準値を下回っており、放出しても海の魚介類には影響を与えない」。ゆえに「食品安全上の問題はない」と政府に説明されれば、一応頭では安全だと理解できる。でもだからといって、消費に全く影響が出ないか？と問われると、出ないとはいえない。誰も確約はできないはずだ。実際に処理水が放出されれば、食の安全に敏感な消費者が５県産魚介類の消費を敬遠する可能性がある。つまり、食品の安全管理には科学的根拠だけではなく国民感情との整合性も求められるのだ。国民感情はその国の文化や伝統に影響されるし、なんといってもマスコミの影響が大きい。

実際、日本人からすると「なぜだ？」と疑問に思う食品の輸入禁止事例が海外で散見される。

例えば、昔オーストラリアが日本の海苔の輸入を一定期間禁止したことがある。その理由は、ある海苔好きの老人が海苔を食べ過ぎてヒ素中毒症状を起こしたからという、なんとも不可解なものだった。マスコミがこの事件を大きく報道したことから、オーストラリア政府としても真偽はともかく、なんらかの対応をせざるを得なかったものと推測する。

そもそもオーストラリアは海外からの病原菌の流入を極端に恐れる国柄だ。かつては外国から飛行機が空港に到着するたび、乗客を降ろす直前にＣＡが機内で殺虫剤をまくような国だった。僕も最初に体験した時は、あっけにとられながらも「気は心だろうな」と納得したものだ。

不都合な真実
～日本の食品安全、輸入管理の現状～

2022年
6/3
Diary

ＥＵが鰹節を輸入禁止にしている理由が解せない。

今や世界文化遺産となった和食であり、その和食にとっては必需品ともいえる鰹節ではあるが、鰹節に含まれるベンゾピレンの発がん性をＥＵは問題にしているのだ。鰹節を食べるとがんになる？　子どものころから鰹節を食べて育ってきた日本人からすると納得できる理由ではないが、やはり食品の安全管理に対する国民の考え方や懸念の対象が違うのだ。

そのように考えると「日本の農水産物が放射能汚染されている可能性」を根拠に輸入禁止している国を、われわれは「けしからん国だ」と安易に非難することはできないかもしれない。

輸入を禁止する目的に政治的背景があるのかどうかは別にしても、食品安全管理上の輸入規制は自国民の安全で健康な食生活を守ることが目的である。しかし、実際に規制するかどうかは客観的な科学的根拠に加え、自国の国民感情や農水産業政策を鑑みた上で、その国が主観的に判断する。安全管理基準クリアを最低条件とした上で、最終的に輸入禁止するかどうかを決定する権利はその国にあるのだ。他国がＢＥＳＴだと考えて下した判断を、わが国が「間違っているぞ。改善せよ」と要求することは内政干渉といわれかねない。

翻って、日本の食品安全や輸入管理の現状はどうなっているだろうか？ 一般的に、人が他人の言動に不満や怒りを覚える時は、自分が正しいと信じている場合だ。自国のことを棚に上げて、他国を批判したり中傷したりしてはいないだろうか？ そんな問題意識が湧いてきた。

そこで、日本の農水産物に対する輸入管理や、食品安全管理制度は、果たして正しく運営されているか？ そして、科学的根拠に基づいていることはもちろんだが、国民感情や政策との整合性はしっかりととれており、胸を張って「正しい」といえるのだろうか？ 調べてみた。

その結果、つくづくと自分の無知を思い知ることになった。自分は食品業界で長期間仕事をしていたにもかかわらず、「こんな重要なことを、なぜ今まで知らなかったのか？」と自省することになったのだ。「俺は食品のプロだ」と自負していた己が恥ずかしい。また学べば学ぶほど、日本の食品安全管理や輸入管理制度に疑問を持つようになった。

「日本の食品安全管理や輸入管理制度は、本当に国民の安全健康な食生活に資しているか？」「もしかすると、政府は食の安全よりも国の経済成長を優先していないか？」「実態を国民に知られたくない『不都合な真実』として情報統制してきたのではないか？」……など疑心暗鬼な気持ちになった。

不都合な真実
～日本の農業政策、世界の動きに逆行～

2022年
6/6
Diary

前回述べた僕の問題意識は、大きく分けて「日本の食品安全管理」と「日本の農政」に対する2つの不信感から生じている。最初の「日本の食品安全管理」に対して不信感を感じたのは、主として農薬に関する次の事実を知ったからだ。

(1) 日本はプレハーベストを認可している

(2) 除草剤であるグリホサートの残留基準を、欧米の400倍も緩和している

(3) ネオニコチノイド系農薬の残留基準も欧米の2000倍に引き上げている

プレハーベストとは収穫前除草剤散布のことで、米国やカナダでは小麦の収穫前に利用されている。小麦の茎や葉が枯れるので収穫作業が早く進み、収穫機械の選別も早いらしい。この除草剤の主成分であるグリホサートには、発がん性や急性毒性、生殖毒性へのさまざまな危険がある。またネオニコチノイド系農薬は、長期に残留する残効性に加え神経毒性が強いことから、人の健康に影響を与えることが懸念されている殺虫剤だ。

日本の農業は米国のような大規模生産ではないし、小麦の生産量も多くない。プレハーべ

ストによって食の安全リスクを増大させてまで、収穫時の生産性向上を図る必要があるだろうか？　また、グリホサートもネオニコチノイド系農薬も、世界の国々では使用禁止や規制強化の動きになっているらしい。にもかかわらず、日本は逆行して緩和する動きにある。一体なぜなのか？　僕はまだその答えを見つけていない。

もう一つの「日本の農政」に対する不信感を感じた理由は、次の二つの事実に起因する。

(1)　２０１８年に日本人の主食であるコメの種を保護する種子法が廃止された
(2)　２０２３年から現行の「遺伝子組み換えでない」という表示が、法改正によって実質的に難しくなる

(1)の種子法は「優良な品種を安定的に生産供給するための法律」である。これが18年に廃止された時の理由は「民間の品種開発意欲が阻害されているため」とされている。廃止された結果、稲の種もみ市場が民間に開放された。そして海外の大手種子企業が日本のコメの種子市場へ参入することが可能になった。世界の種市場が今や4～5社の巨大種子企業に寡占化されていることは周知の事実だ。まさか民間とは海外企業のことではないと信じたい。

調べてみると、日本の野菜の種子がすべて国産だった時代もあったが、現在では9割が外国

産になっているらしい。コメもいずれそうなるのか？　実際に、日本の３００種以上のコメの品種が淘汰《とうた》されようとしているもようだ。もしかすると、遺伝子組み換えの種子が米国などから持ち込まれる可能性もある。種子法の廃止は「生物多様性固有種の保護」という世界の動きに逆行しているとも言えるのではないか？

⑵の「遺伝子組み換えでない」という表示が難しくなるという理由は、２０２３年に法律改正が予定され、この表示をするためには、ＧＭＯ（遺伝子組み換え作物）の混入が限りなくゼロであることが求められるようになるからだ。これまではＧＭＯの混入は５％まで認められていた。Ｎｏｎ‐ＧＭＯ（非遺伝子組み換え）を栽培していても、近隣から風で運ばれるＧＭＯの花粉を受粉する可能性をゼロにすることはできない。つまり、この表示をすることは実質的に不可能に近くなる。

表示がなければ、消費者が購買時にＧＭＯ食品とＮｏｎ‐ＧＭＯ食品の見分けができなくなることを意味する。そして、その結果として遺伝子組み替え食品の輸入を促進することになる？まさか、そんなことを意図した法改正を国がするわけはないと思うが、疑念は消せない。

不都合な真実
～「国民のための農政」へ蛻変《ぜいへん》望む～

2022年
6/10
Diary

僕の「日本の食品安全管理」と「日本の農政」に対する不信感の根幹には、日本の食料自給率が減少したのは「食生活が変化したためというよりは、日本の農政に原因があるのではないか？」という疑念、もっと具体的に言うなら「日本の農政が日本の食料市場を海外に解放し過ぎたからではないか？」との疑念がある。

日本の食料自給率は終戦直後の１９４６年には88％もあったそうだが、現在では37％にまで落ち込んでいる。日本は主食であるコメに関しては、海外からの参入をかたくなに防御してきた。しかし戦後の食生活が豊かになったり洋風化したりすることによって、コメの消費量が大幅に減少し、半世紀の間にほぼ半減してしまった。コメの消費が減少したことは自給率減少の大きな理由の一つだ。コメの代わりに消費が増えたのは、海外供給依存率が高い小麦や肉類などであり、その輸入増大に拍車を掛けたのが日本の農政ではなかったか？

では、一体いつから農政は食料国産重視から食料輸入拡大方針に変わったのか？ 調べてみると、あの有名な「前川レポート」にまでさかのぼることがわかった。「前川レポート」とは、

1986年に当時の中曽根内閣の内閣諮問機関として提出された「国際協調のための経済構造調整研究会報告書」のことである。

提言内容は日本の黒字批判の外圧に対応するものだったが、内需を刺激するための金融緩和策が国内のマネーサプライを増加させ、バブル経済を生む結果になったことで知られる。このレポートは内需主導の経済成長、金融資本市場の自由化・国際化・海外直接投資の促進に加えて、「国際化時代にふさわしい農業政策の推進」をうたい、「基幹的な農産物を除いて、内外価格差の縮小と農業の合理化に努めるべきである」と提言したものだった。

これはつまり、国際競争力に乏しい農業部門などをスクラップして、その市場を外国農産物に明け渡す政策だった。

国内農業で食料を自給するより、日本の資本が海外に投資・技術移転して、海外で日本向けの野菜などを栽培し日本に輸入する開発輸入や、日本の食品産業が海外に進出して成長することを促した。

現在政府が掲げている日本の農産物輸出拡大方針には大賛成だ。しかし、その前にやるべきことがあるはずだ。今後農産物の国内生産量は減少することが懸念されており、国内需要さえ満たせない懸念がある。なのに海外への輸出需要を満たすことなど、できるわけがなかろう。

一方では、食品に含まれる保存剤の残留数値における日本の規制が海外諸国と比較して甘過ぎるため、輸出の障害になっている事例があると聞く。このような実態を考えると、「国産農産物の生産基盤の拡充」「生産量拡大による自給率向上」および「国際基準と整合性ある食品安全管理制度の見直し」が農政の優先課題に違いない。

岸田政権は資本主義を見直すと言っている。現在、選挙に向けて政権の掲げる「新資本主義」の構想を具体的にまとめるべく検討中だと聞く。たしかに資本主義は長い間に制度疲労を起こしているのかもしれない。現在直面している格差問題や気候温暖化問題などの根本原因は資本主義にあるといわれている。今の資本主義を見直して修正することは必要だが、見直すべきは富の分配方法や金融税制などマネーの分野だけではないはずだ。「食」はマネーよりむしろ優先すべき課題ともいえる。

「生きるための食べ物」を「利益を生むための食べ物」へと変貌させてきた資本主義経済こそ見直すべきではないか。これまでの「政経のための農政」を見直して「国民のための農政」に蛻変してもらいたい。「海外依存」を見直し、「自給率向上」と「安全・安心」という2つのKEY WORDを核とした新しい農政を実現してほしい。それこそが農政の本来あるべき姿のはずだ。「国民のための農政」と「国民のための政治経済」とを融合させて初めて、真に国民が望む「新資本主義」になるのではないだろうか。

MINAMATAからのメッセージ

2022年
6/15
Diary

「MINAMATA―ミナマタ―」という映画（DVD）を観た。いうまでもなく、悲惨な水俣病患者の実態や、水俣漁民とチッソ㈱との裁判訴訟をめぐる壮絶な闘いを伝える社会派のドキュメンタリー映画だ。主演のジョニー・ディップは、主人公で写真家であるユージン・スミスにそっくりだったし、演技も素晴らしかった。パイレーツ・オブ・カリビアンで演じたジャック・スパロウとは真逆ともいえるシリアスな役柄だが、さすが名優だ。同じ人物が演じているとは思えない。

公害が主題の社会派映画になぜ彼が主演するのか？ 疑問に思ったが、映画を観て納得した。僕は映画内容をうまく評論することなどできないが、久しぶりに魂が震える映画に出会えたと思う。いつもはアクション映画やファンタジー映画を観て何も考えないようにしているが、たまにはこんな真面目な映画を観ながら思考にふけることも悪くない。

映画のエンディングでユージン・スミスが撮った写真が大きく映し出され、衝撃を受けた。彼の撮った有名な写真「入浴する智子と母」の写真がＵＰされると、訳もなく涙がポロポロとこぼれ出てきた。かつて雑誌LIFEに掲載され、世界中に衝撃を与えたあの有名な写真だ。涙の理由は自分でもよくわからなかったが、決して感激の涙でも悲しみの涙でもなかった。あえて言えば感傷の涙だろう。年老いて涙腺が緩んでいるせいかもしれない。驚いたのは、涙と共に自分の過去の記憶が突然フラッシュバックしたことだ。それも映画とはあまり関係がない記憶が。

「そうだ、オレの卒論のテーマは外部不経済だった！」

50年近くもの間すっかり忘れていた、「経済成長と外部不経済」を自分の卒論のテーマに選んだことを、映画を観終わって突然思い出した。正確に言えば、思い出したのは卒論の内容なんかではない。自分がなぜ公害を卒論のテーマに選んだのか、その理由や背景を思い出したのだ。

僕のゼミの教授は当時中小企業論の大家といわれた人で、公害とは無関係だった。またゼミで学んだのは「サムエルソンの経済学」で、外部不経済についてはほとんど触れていなかった。だけど僕は、ゼミの勉強内容とは関係のない外部不経済＝公害を卒論のテーマに選んだ。

当時公害は大きな社会問題だった。「水俣病」「第二水俣病（新潟）」「四日市喘息」「イタイイタイ病」が日本の四大公害といわれ、注目を浴びていた時代だった。マスコミでは毎日のように「光化学スモッグに注意を」という言葉が繰り返されていたような記憶がある。

僕が公害について学ぼう、卒論のテーマにしよう、と思い立った理由には、そんな時代背景もあったと思う。しかし本当の理由は、僕自身が実際に公害患者と触れ合った経験があり、公害患者の苦しみを自分の肌感覚で感じたからだ。いや、それだけではない。経済成長の名のもとに人間の健康を害する社会の仕組みに激しい怒りを感じたからだ。今思うと青臭い怒りだったと思う。でも、この純な「怒り」こそが卒論テーマの決め手となった。


公害患者と触れ合ったのは、僕が「キャンプのお兄さん」としてボランティア活動をしていた時のことだ。僕は大学に入学して以来、部活も学生運動もしないノンポリの学生だった。ただ在学中の4年間は、朝日新聞社の厚生文化事業団に所属し、毎年の夏休みをキャンプ場で過ごしていた。キャンプ活動は新聞社による社会貢献事業の一環だった。

キャンプの目的は、日頃施設の中に引きこもっている病気の子供達を大自然の中に誘い出し、のびのびした時間を自由に過ごさせることだった。身の回りのことを「他人にやってもらう」ことに慣れた子供達に、自炊をはじめ自立した生活体験をさせることが目的でもあった。

一体なぜ僕は、人生で貴重な青春時代の夏を、しかも青春を、最も謳歌すべき夏休みの時間を、人里遠く離れた山の中で過ごすことになったのか？ 自らが決断したことなのに、自分自身でも疑問に思うことがある。理由なんかない。ご縁があったとしか言いようがない。生意気を言うようだがもしかすると、生きる証や生き甲斐を見つけ出そうと、もがいた結果なのかもしれない。僕は若かったのだ。

自閉症、筋ジストロフィー、小児麻痺、ろうあ、などさまざまなハンディキャップを背負った子供達とキャンプ場で過ごした。キャンプの本拠地は岐阜県の度合という山中の村にあるキャンプ場で、１回のキャンプ期間は平均すると2泊3日だった。毎回キャンプ実施前には事前準備として受け入れる子供達の病気について勉強した。どんな病気なのか？　キャンプ活動の指導中に注意すべきことは何か？　応急処置はどうするのか？　などを学んでおくのは当然のことだった。

僕は何回か四日市喘息児童のグループを受け持ったことがあり、小児喘息について学んだ。現在では僕自身が喘息気味になっているが、当時の僕は元気で喘息の知識など全くなかった。喘息の子供達は、発作さえ起こさなければ元気な普通の児童だった。だから昼間は一緒に走り回って遊んだ。しかし、朝夕時の気温の変化や降雨時の湿気が発作を誘発するため、常に神経を張り巡らしていた。子供が発作を起こすと呼吸困難に陥り（息を吐けなくなる）、苦しそうで可哀想でとても見ていられなかった。もちろんキャンプには専門医師が同行しており、飛んできて応急手当てをしてくれる。キャンプのお兄さんは、悲しいかな病気には無力だ。

咳き込みヒューヒューと発作に苦しむ子供の背中をさすりながら、僕は怒りに燃えていた。

「なぜ、罪のないこんな可愛い子供が苦しまなければならないんだ？　一体誰のせいなんだ？　これは病気ではなく明らかに犯罪だ！　石油コンビナートと子供の健康のどちらが大切なんだ？　経済成長のためだと？　バカを言え、経済成長なんかクソ喰らえ！だ。」

まさにこの場面の記憶が、映画を見終わった瞬間にフラッシュバックしたのだ。そして同時に、かつての僕には激しく怒るエネルギーがあったことを思い出させてくれた。


怒りはエネルギーだ。人々の怒りのエネルギーは、国や政治、経済を、世界だって動かす。あらゆる国の歴史上のどんな改革も、人々の怒りのエネルギーが源泉となっている。

例えば今、世界が必死に取り組んでいる地球温暖化対策も、グレタ・トゥーンベリさんと言う一人の少女の激しい怒りが世界を動かすエネルギーとなった。彼女の怒りは温暖化そのものに対してではなく、無作為の大人達に向けた怒りだった。だからこそ共感を得られたのだろう。

水俣病の場合は、患者や患者家族の怒りそして世界中の人々の怒りのエネルギーが問題解決に導いたといえよう。ユージン・スミスは、患者の怒りを、写真を通じて世界に伝えることに貢献した。映画の中で彼はこう言っている。「1枚の写真は1000の言葉より雄弁なのです。」

彼の写真が語り訴えたのは、患者や家族の悲惨な実態だけではない。悲惨な実態を生み出した社会の不合理を訴えた。世界はその不合理に激怒したのだ。

今日、僕達は真に怒ることを忘れてはいないか？ 怒りのエネルギーを失ってはいないか？ 改めて自問自答してみるべきだと思う。なぜ戦争なんかするのか？ なぜ一般市民を虐殺するのか？ なぜ人権を踏み躙《にじ》るのか？ 専制主義国家の犯罪や不善を知った当初は、世界中の誰もが怒ったはずだ。しかし、時間が経つにつれ、衝撃だったことが常態となり、怒りのエネルギーは減少していく。怒りのエネルギーが減少するにつれ、問題解決できる日がどんどん遠ざかっていく。いいいや、決してそんなことがあってはならない。

この映画は僕達に「怒りのエネルギーを取り戻せ！」という、強烈なメッセージを送ってくれている。

追記：よく考えたら、僕は毎日奥さんに怒られるようなことばかりしている。僕のことが心配でたまらないからこそ彼女は元気でいてくれる、と勝手に思い込む。彼女の怒りのエネルギーが絶えないよう、僕は無意識に努力しているのだ、と自己弁護。それとも未だに彼女の気を引きたいのか？……そりゃないな。

先輩に学ぶ、経営者の生きざま

2022年
6/20
Diary

暦は巡って今年も夏が来た。いつもならワクワクした気持ちで夏を迎えるのだが、今年は鎮魂の静かな夏になりそうだ。昨年の夏、僕がお世話になった数名の先輩たちが鬼籍に入られた。その一人が尾崎 弘さんだ。

尾崎さんは言うまでもなく、伊藤忠食品の元社長、会長を務めた方であり、僕の大先輩だ。尾崎さんの突然の訃報は伊藤忠から届き、奥さまからも頂戴したが、密葬だったゆえご葬儀には参列できなかった。仏前に弔意を届けさせてもらっただけだ。また尾崎さん本人の遺言により社葬は行われなかった。尾崎さんらしい独特の人生美学だ。僕としては心残りのままだったが、早くもこの夏に一周忌を迎えようとしている。

僕には伊藤忠で師と仰ぐ先輩が2人いる。一人は丹羽（宇一郎）さんであり、もう一人が尾崎さんだ。お二人とも優れた経営者だが、性格も才能も全く違う。丹羽さんから経営学を学んだとすれば、尾崎さんからは経営者としての生きざまを学んだ。

尾崎さんを一言で表現すると、ヤクザに例えられるかもしれない。これは悪口なんかではない。インテリヤクザとかいう低レベルなヤクザではなく、古き良き本物の任侠《にんきょう》に近い人だった。そんなヤクザな尾崎さんが僕は大好きだった。また尊敬もしていたし、憧れてもいた。いや、惚れていたと言うべきかもしれない。男に惚れるなんてめったにあることではない。

尾崎さんは義理人情に厚く太っ腹だが、筋の通らないことは大嫌いだった。おまけに思い込みが激しく頑固で、怒らせるとチョーおっかなく、まさに筋金入りのヤクザのような人だった。思ったことをズバズバ言う性格だったので時折周囲をハラハラさせた。しかしどこか憎めず、茶目っ気がありかわいげもあったので、業界では有名で人気のある経営者だった。

趣味はゴルフと銀座でのクラブ活動だった。尾崎さん本人は、誰かから趣味を尋ねられるたびに「僕の趣味は家でゆったり紅茶を飲みながらクラシック音楽を聴くことです」と答えていた。これは大うそだ。紅茶を飲んでいるところなど見たことがないし、スナックのカラオケでは演歌しか唄わなかった。オハコは石原裕次郎や石川さゆりだった。

お酒は大好きだったが、実は40歳を過ぎるまでは一滴も飲めなかった。自分は下戸だと信じていたらしい。しかし、酒卸である伊藤忠食品に出向してから自分が飲めることに気が付いた。ある日仕事上やむなく某日本酒メーカーの利酒会に出席し、下戸だと言えず無理して飲んだ。すると酔って気分が悪くなるどころか、初めて知ったお酒のおいしさに驚き感動したらしい。

「ああ、これまでの俺の人生は何だったのか。これから失われた人生を取り戻す」とばかりにそれ以来、毎日のように大酒を飲み始めた。尾崎さん本人から聞いたエピソードだ。

尾崎さんの交友関係といえば、業界人は別にして、銀座の某クラブで知り合った渡 哲也さんなど石原軍団（石原プロ）とは仲の良い友達だった。また多くの著名人が銀座のクラブ仲間だった。芸能界のような派手でにぎやかな世界が大好きな人だったが、寂しがり屋の一面もあった。夜の時間が空いた日などに、よく僕は尾崎さんからお誘いを受けて銀座のお供をさせられた。むろん取引先の接待などではなく、2人きりでのクラブ活動だ。銀座クラブの華やかな雰囲気は、尾崎さんの孤独な寂しさを紛らわせてくれたのだろう。そしてそれはまた、尾崎さんなりのストレス解消法だったに違いない。

銀座ではいつも一晩で5～6軒ものクラブを回るので、1カ所ではせいぜい30分ほどしか滞在していなかった。しかもどの店でも、席に座るとすぐにウトウトと居眠りをされていた。銀座を豪遊するというより、僕にはまるでヤクザが縄張り周りをしているような感覚だった。そして、最後にはいつも「田中くん、俺の唄が聞きたいだろ?」とささやき、なじみのスナックに有無を言わさず連れていかれた。10曲ぐらいの演歌を聴かされた後、やっと解放された。

僕はそんな尾崎さんと過ごす時間が楽しかったし、忘れられない貴重な思い出となっている。

夜の話ばかりをしていると天国の尾崎さんからしかられそうなので、昼間の仕事に関する思い出についても語っておこう。

尾崎さんは、どんな苦境に陥っても悩んで落ち込んだり、物怖じしたりすることはなかった。社長任期中の最大の苦難といえば、恐らくは最重要取引先の１社であったＳＯＧＯ百貨店の倒産だったであろう。日ごろはあまり前面に立つ人ではなかったが、ＳＯＧＯの倒産後は、尾崎さん自らが社員の先頭に立って債権の回収交渉をされた。しかし、やはり巨額の不良債権の処理が残り、決算に大きな損失を与えた。ただ「明るく楽しい会社にしよう」と社員には言い続け、いつもの平静さを決して失うことはなかった。

尾崎さんは信念の人でもあった。その事例としてよく覚えていることがある。僕が伊藤忠商事の部門長として伊藤忠食品の主幹責任者だった時のことだ。当時は資産効率の向上が伊藤忠グループ全社の大命題だった。伊藤忠食品は大阪本社ビルや東京支社ビルを一等地に構えるなど、優良な資産を多く保有しており、僕のミッションは資産を減らしてＲＯＡを高めてもらうことだった。ゆえに尾崎さんには何度も資産売却のお願いをした。しかし、何度お願いしても答えはＮＯだった。

「今の伊藤忠は財務指標が貧弱だから資産を減らせと言うが、優良な資産は減らすどころか、むしろ増やすべきなんだぞ」「伊藤忠食品には資産を減らさねばならない理由はない。俺の目の黒いうちは減らさないよ」と、何度お願いしても毎回返事は同じだった。僕は内心、尾崎さんの意見は正しいと思っていたが、伊藤忠の経営層は苦々しく思っただろう。伊藤忠食品は伊藤忠の子会社とはいえ上場会社だから、強制はできなかったものと思う。余談だが、尾崎さんが完全に退任された後、伊藤忠食品は東京と大阪の自社ビルを売却した。

僕は尾崎さんの信念の経営を見習った（まねした）のかもしれない。自分が日本アクセスの社長に就任して以来、親会社である伊藤忠の要請であっても自分が納得しなければ反対を通した。親会社はグループ全体の成長を重視し、子会社をその手段として考えることがある。まして や子会社の社員の気持ちなどはあまり考えない。だから思慮の浅い要請には反対したのだ。伊藤忠には反対の理由を説明するとともに、いつも最後に言った言葉は「お前たちがどうしてもやりたければ、俺を首にしてからにしろ！」だった。いかにも傲慢《ごうまん》で憎たらしい言葉だ。伊藤忠の経営層から僕は、方針に従わない困ったやつだと煙たがられていたに違いない。己の経営信念を妥協せずに貫くことができたのは、尾崎さんの教えがあったからだ。

振り返ると尾崎さんに会えなくなってから、もはや4年以上もの月日が経過した。3年ほど前には、ゴルフや麻雀などで仲の良い悪友から「尾崎さんはもうゴルフをできなくなったようだ」と聞き及び心配していた。そして尾崎さんに関する業界のうわさ話としては、とあるメーカーさんの結婚式に招待されて参加した時の話を、同席した誰かに聞いたのが最後だった。「尾崎さんはひげを伸ばされ、凛とした姿勢で着席されていましたよ。さすがでした」と。

尾崎さんが懐かしい。尾崎さんが恋しい。尾崎さんに会いたい……。尾崎さんのあの照れ臭そうに語る自慢話やジョークをもう一度聞きたい。真顔で話す教訓話も聞きたい。麻雀やゴルフを一緒に楽しみたい（ただし、クラブ活動だけは遠慮したい）。すべての楽しみは、いずれ天国で尾崎さんとの再会がかなう日までお預けだ。

今は心から尾崎さんのご冥福をお祈りしよう。間もなく1周忌を迎える。合掌！

メリルリンチの提言VS滝椎戸寒の提言

2022年
7/18
Diary

自分の読書メモにある古いデータを整理していたら、面白い資料が見つかった。約10年前にメリルリンチ日本証券が、「次世代の流通革新」というテーマで日本の流通業界に提言を行った資料だ。その内容を読むと今でも新鮮であり、納得いくのが不思議だ。つまり我が国の流通業界は、10年経った今でも革新していないということかもしれない。

メリルリンチ日本証券は、まず日本の流通システムを次のように捉えている。

(1) 日本の流通システムの特徴

① 小売の特徴

・補充発注管理に特化……中間在庫は管理せず
・店舗在庫のマージンリスクはメーカー、卸に転嫁
・販売情報は小売で完結

② 卸の特徴
・完全納品に備えて過剰在庫気味
・過剰在庫は廃棄＋押し込み
・ロスは納入価格に転嫁

③ メーカーの特徴
・見込み生産
・店頭販売、中間在庫ともに把握せず
・過剰在庫は廃棄＋押し込み
・ロスは納入価格に転嫁

「なぜ日本の流通業界は収益性が低いのか？」という疑問に対しては、次のような3点を理由として挙げている。

(2) 日本の流通業界が低収益の理由

① 経営者が本気で収益性を上げようとしていない
・価値を生まない作業が膨大

・「しない」決断ができない
・体育会系の企業文化
・精神論の跋扈《ばっこ》
・日々完璧を求めすぎる

②取引ルールが不在

・VALUE CHAINを一貫して見る人がいない
・小売業からメーカーへの理不尽な要求
・消費者の価格志向
・新商品の多産多死
・留まることを知らない供給過剰

③小売業にマーケティング発想が欠如している

・小売業の極端な同質化、低価格志向
・無形のものに投資しない

以上だが、これを読んで妙に納得するのは僕だけだろうか？ 彼らは日本の流通業界を批判しているのではなく、客観的かつ冷静に分析している。彼らが指摘する全ての項目は、日本の流通業界の収益性が低い理由だけではなく、業界の生産性が低い理由にも当てはまる。生産性が低い業界は当然収益性も低くなる。業界の収益性を向上させるには生産性を向上させるしか方法はない。

さらに、彼らは「世界中で起こった流通イノベーションの真実とは？」といった間接的な表現を使って日本の流通業界に対して提言をしている。それは、次の3つだ。

(1) リアルタイム在庫情報と精度の高い需要予測の製販共有
(2) 小売の販売計画の精度を高める（売り切る力＋サプライチェーン効率の貢献）
(3) メーカーへの貢献に応じた公正なメリット配分

彼らの論点は「日本の流通業界が成長するには生産性向上が不可欠」ということに尽きる。そして、これら3つを実現すれば業界の生産性が向上するはず、と提言している。

しかし、「生産性向上」が経営の大命題であることは日本の流通業界の誰もが承知しており、実現に向けて日々努力してきているはずだ。であるならば、提言から10年経った現在でも一向に生産性が向上しないのはなぜだろうか？ 日本にはイノベーションを起こせる流通技術が未熟だからか？ いいや、そうは思わない。日本のＩＴもＡＩ技術も、あるいは物流関連の技術においても、日本の流通技術が欧米に比べて遅れているようなことはないはずだ。

生産性を向上させるためには、いくら優れた技術があろうと、いくら経営者に生産性向上のための投資意欲があろうと、流通構造の根幹にある障害を除去することが先決なのではないか。

メリルリンチの提言に関して言えば、僕は彼らが欧米の流通業界と日本の流通業界の現状との比較だけに目を奪われ、マクロな日本の経済構造問題を見落としていると思う。いつも言っている通り、中小企業が多すぎる（99・7％）という日本経済の構造的な問題を解決しない限り、生産性を向上することは難しい。

日本の流通業界においても、生配販の流通3層にわたって中小規模プレイヤーの数が多すぎることが生産性向上の障害になっているはずだ。例えば、日本の多くの地域SMが効率的なサプライチェーンを実現しようとすると、新しいシステムに対応できない地域の中小零細なメーカーや卸が、サプライチェーンから弾き出されてしまう可能性が大きい。そうなると、地域SMが経営理念に掲げている「地域との共存共栄」に反してしまうことになる。また地域SMが、自社の新システムに対応できない理由から地域メーカーの商品を販売しなくなれば、その商品を買いたい消費者は店から去って行くだろう。地域SMにとっては、経営を効率化できたとしても経営地盤が弱体化することになってしまっては意味がない。

ただ、流通構造問題の解決を待っていては日本の流通業界は欧米に後れをとるばかりだ。このままだと、人口減少による市場縮小のため日本の流通業界は衰退していくかもしれない。現在の流通3層による流通システムが、地域へのしがらみがなく効率的なサプライチェーンを実現しているネット通販システムによって駆逐されていくかもしれない。

地域に生きる流通企業の「共倒れ」を防ぎながらリアル流通の価値を高めていくためには、厳しい経済環境の中であっても流通革新はやはり実現していかなければならない。

では一体どうしたら良いのか？　僕は、卸に出番があると考えている。

欧米における流通革新は小売主導によってなされてきた。メリルリンチは日本でも小売が主導せよ、と提言しているようだ。しかし僕は日本では小売ではなく卸が主導すべきだと思う。

僕は小売による個別最適のシステムではなく、卸だからこそ可能となる汎用性のある流通3層のための全体最適システムが日本の流通革新には必要であり、相応しいと考えている。

流通の川中に位置する卸が主導するサプライチェーンであれば、小売もメーカーも、規模には関係なく参加できるはずだ。流通革新は「弱者の市場からの撤退」という痛みをもたらすが、卸主導の流通革新であれば、痛みを極小化できるはずだ。そして卸主導の流通革新であれば、流通業界は「地域との共存共栄」のみならず「流通3層の共存共栄」をも実現できるはずだ。

しかし、卸が流通革新を主導すべきとは言っても、卸が胸を張ったりするようなことではない。流通革新を主導することによって、卸自身も生き残ることができる。自分のために必要なのだ。

もし卸主導ではなく小売に依存した場合、欧米の流通業界同様、川中の卸はサプライチェーンから弾き飛ばされてしまうかもしれない。卸主導の流通革新とは、そのリスクと裏腹にある。

古い資料を読みながら、そんなことを考えてみた。

追記：最近どこかで「停滞の嫌悪」という言葉に触れた。触れたとたんに、ドッキリした。僕達は停滞に慣れてはいけない。停滞を嫌悪することが進歩する原動力ではないのか。

医療改革と海藻乾物業界改革

2022年
7/25
Diary

再び新型コロナの感染が拡大している。全国の感染者数は過去最高となった。

そのためか、しばらく静かだった医療改革に関する議論が再び賑やかになっているようだ。

学者や識者達がさまざまな医療改革案を述べているが、その中に一つ興味深い意見があった。

要約すると次のような内容だ。
・日本の人口あたりの病床数は世界最多だが、病床数が50〜100の小さな病院が林立し、医師や看護師も薄く広く配置されている。
・こうした構造を変えるには病床の集約・再編を進め、重症者を中心とした入院治療を担う500〜1000床程度の中核病院を増やす必要がある。
・難しいのは人口減少が進む中で、一連の改革を進めなければならない点だ。改革によって多くの地域で一般患者が減少し、医療機関の収益に逆風が吹くことになる。
・この痛みを和らげるには、徹底的な効率化を同時進行して進めることが条件になる。
この医療改革に関する意見は、まさに流通改革にも通じるものと思われる。と言うか、日本の医療も流通も同じような課題を抱えていることが理解できる。

またこの識者は対策のヒントとして、2017年から始まった「地域医療連携推進法人」という仕組みを紹介している。地域の医療機関や介護事業所が集まってこの一般社団法人を設立し、病床の再編や人材の融通、医療品の共同購入などを進めているようだ。

さらにこの識者は結論として、人口減少時代の医療体制改革においては、「競争から協調へ、所有から共有への変革」がKEY WORDになる、と言っている。

まさにその通りだと思うし、我が流通業界の改革においてもこのKEY WORDは同じだろう。簡潔にいい直せば、流通改革のKEY WORDは「効率・協調・共有」の3つになると思う。

ヒントで紹介された医療業界の一般社団法人は、流通業界で例えるなら多数の企業を集めて持株会社化したようなものだろう。今や企業による持株会社化は珍しいことではない。

食品流通業界において、小売企業による持株会社化はすでに全国レベルで進んでいるし、最近は卸企業においても持株会社化は進んでいる。卸企業の事例を挙げれば、旭食品、カナカン、丸大堀内の地域卸3社が共同で持株会社のトモシアグループを設立している（最近になって静岡地域卸のヤマキがこの持株会社に合流したようだ）。

また九州に本社があるヤマエ久野は、これまで関西や関東の中堅食品卸をM&Aした上で統合し、自社のネットワークを拡大してきたが、最近になって関東地盤の大手業務用酒類卸のM&Aを契機として持株会社、ヤマエホールディングスへと組織を変更している。

一方、食品メーカーの持株会社化はあまり進んでいないようだ。流通で最も企業数が多い川上分野のメーカーが、最も改革が遅れているといえよう。メーカーは流通業界の中では付加価値が比較的大きいため、これまで独立独歩でやっていけたのかもしれない。同業他社との協調や共有を考える必要はなかったのかもしれない。

しかし、医療業界と同じく食品流通業界の経営環境は大きく変化してきている。

コロナウイルスによるパンデミックのような大不況が突然食品流通業界を襲うようなことはないとしても、業界各社は経営環境が大きく変わってきたことを認識しなければならない。

例えば、日本の消費環境がデフレ基調からインフレ基調へと、大きく転換していることを認識せずして経営はできないはずだ。この環境変化に対応せず、旧態依然とした経営のままの企業に明日は来ないだろう。

とりわけ川上分野で弱小といえる乾物業界こそ、いち早く「協調&共有」の重要性を認識し、業界の「効率」化を進めるべきだと思う。

例えば僕が以前に提案したような「海藻乾物業界が共同で製品販売やマーケティングを行う」

といった協働には検討の余地があると思う。海苔メーカーが昆布やひじきメーカーと協調して製品販売業務を一体化すれば、各社が営業費用の効率化を図ることができるはずだ。またマーケティング原資の共有を行えば、費用の削減はもとより費用対効果の向上が期待できると思う。

現在の小売の乾物売場に占める海藻乾物の棚スペースは広くない。この狭いスペースに多くの企業の多くの営業マンが群がる必要はない。業界が非生産的といわれる所以だ。

もちろん各社にとって自社商品のための棚取りは欠かせない。しかし棚取り競争をする前に、海藻乾物棚のスペース自体を拡大することが、業界を成長させるために必要なのではないか。

残念ながら現状では、海藻乾物の成長を横軸で担う企業も組織も存在していない。

企業は自社のことで精一杯であり、誰も業界の成長に責任を果たそうとしていない。あるいは責任を感じてさえいない（?）。今のままでは業界が成長することは期待できないだろう。

現在のように業界や商品が縦割り文化のままでは海藻乾物市場の成長には限界があると思う。成長するには、やはり業界横軸でのマーケティング機能が必要不可欠なのだ。

そのためにも、昆布業界、海苔業界、わかめ業界、ひじき業界など、すべての海藻業界が一体となった「海の野菜協会」を設立してもらいたい。そして、この協会が、医療改革を担う「地域医療連携推進法人」のような役割を、海藻乾物業界において果たすことを期待したい。

追記：

食品卸企業の持株会社化や合併などによる横連携は、今後も進んでいくだろう。特に市場が縮小している業務用食品市場や給食市場において、加速化していくと思われる。伊藤忠商事も、日本アクセスと伊藤忠食品を統合して「伊藤忠アクセスホールディング」というような売上規模3兆円の食品卸業界ダントツNo.1の持株会社を将来作るかもしれない。むろん可能性の話だが、将来の変化や危機に対応できる余力があることは大きい。ただリタイアした僕が、今更このような発言をするのは不謹慎だと非難されるかもしれない。しかし、かつて業界には伊藤忠が食品卸グループ2社を統合するとの噂があったのだ。

実際、僕が伊藤忠のプレジデントだった時には、マスコミから2社統合の可能性についてよく聞かれたものだ。その度に僕の答えは、もちろん「あり得ない！」だった。そして理由を聞かれると、僕は「日本の流通市場には鯨のような大魚は存在していない。だから太い釣竿を必要としない。1本の太い釣竿で釣るより、丈夫な釣竿2本で釣った方が魚はより多く釣れる」と答えていた。

業界の噂にグループ卸2社の社員達が動揺しないよう、自分なりに説得性のある理由を述べたつもりだったが、卸のビジネスを魚釣に例えた発言内容は不謹慎だったと思う。今になって反省している。

しかし、その後時代は動いた。今後日本の流通市場にも大魚が増えていくことは間違いない。

変化に対応して生き残るにはどうするべきか？

誰もが自社の将来を、しっかりと見据えて行動すべき時期に来ている。

昆布マーケティングの一考察
～昆布業界存続の危機？～

2022年 8/8 Diary

「昆布の年間採取量は3万t。うち1万tが乾物昆布として消費され、2万tが調味料や佃煮などの加工食品用原料として消費されている」。これが今まで、僕が把握していた昆布市場に関する知識だった。

しかし、2021年度の昆布採取量が1万2900tだったと知って驚愕した。なんと僕が認識していた採取量の半減以下にまで激減していたのだ。この衝撃的事実は、乾物昆布業界のみならず全昆布業界が存続の危機に直面していることを示すのではないか。さらには全乾物業界の危機であり、同時に日本の伝統食文化の危機でもある、と言ったら少し大げさだろうか？

昆布採取量が減少してきた理由には、生産者の高齢化や生産者数の減少、あるいは海温上昇などの気候問題があると推測される。しかしこれほど昆布採取量が激減しているのであれば、社会問題化されてもおかしくないと思うし、昆布資源保全対策として新しい養殖技術が研究開発されてもいいはずだ。それが現実として見られないのは、もはや国民の多くが昆布に関心を持たなくなってきている証しではないだろうか。

とりわけ乾物昆布製品の需要は、和食ブーム、健康食品ブームという割には年々縮小してきているはずだ。昆布消費の主体は、調理に手間暇のかかる乾物から簡便性のある昆布調味料や佃煮などの加工品に移行していることは間違いない。

今回恥ずかしながら、僕には昆布に関する知識がほとんどないことを認識したので、この機会に昆布の消費実態を調べてみた。すると次のような特徴が浮かび上がった。

(1) 2人以上世帯の1世帯当たりにおける昆布の年間消費支出金額を、2001年と21年で比較すると、01年＝約1150円、21年＝約600円と20年間でほぼ半減している。

(2) 同じく2人以上世帯の21年の年間消費金額を世代別のデータで見ると、70歳以上1200円、60～69歳900円、50～59歳600円、40～49歳400円、30～39歳270円、30歳以下180円と世代によって極端に異なっている。

(3) 昆布の年間消費金額（21年）を都道府県別に比較すると、1位富山県1697円、2位滋賀県1374円、3位岩手県1299円がベスト3。最下位は愛知県613円、続いて岡山県651円、愛媛県695円がワースト3である。昆布の消費金額は、県によって倍以上の大きな開きがある。

(2) のデータからは、昆布市場は高齢者層に支えられていることがわかる。昆布需要を支えている現在の高齢者がいなくなり昆布食の習慣がない世代が高齢化していけば、ますます消費は減少するに違いない。データは、食文化がうまく若い世代に伝わっていないという事実を示しているのだ。

乾物昆布の市場が縮小したり偏在したりしている理由は、原料供給不足というより市場を活性化するためのマーケティングが不足しているからに違いない。マーケティングが不足している原因は、乾物昆布業界に市場をリードする大手NBメーカーが存在していないからではないだろうか。このまま何も手を打たずに市場を放置すると市場は縮小していくばかりだ。原料供給面においても、昨年度の昆布採取量が激減したように量的減少傾向は続いていくだろう。業界に現存する零細な乾物昆布企業は、需要も供給も減少していく環境の中ではなすすべがなく、ただじっと自然淘汰《とうた》するのを待つだけになってしまう。

今こそ昆布業界は、危機意識を明確にして乾物昆布マーケティングの強化を真剣に考えるべきだ。日本の伝統食文化はまもり、つないでいかねばならない。それが業界人としての責任のはずだ。マーケティングを強化する目的は商品の拡販によって乾物昆布企業をまもることではない。まもるべきは日本の食文化だ。食文化をまもることを通じて業界や企業をまもるのだ。

また、マーケティングを強化することによって昆布の需要が増えれば、生産者の採取意欲が向上し原料供給量の回復も期待できるかもしれない。

昆布マーケティングの一考察 ～昆布を食べると頭が良くなる？～

2022年 8/19 Diary

昆布市場への対策としての戦略を考える前に、「市場の現状」と「業界の問題点」をあらためて整理しておこう。僕なりの判断では、それぞれ次の3点に集約されると思う。

①乾物昆布市場の現状認識

・年齢による需要の偏在（高齢者需要∨若者層需要）
・地域による需要の偏在（消費金額最上位県は富山県で、最下位の愛知県の約3倍）
・昆布調味料など加工品への需要シフト加速

②乾物昆布市場の問題点

・原料入札制度など産地の閉鎖性
・乾物業界の縦割り文化
・小規模集団＆マーケットリーダーの不在

以上の現状認識と問題点を踏まえた上で、乾物昆布のマーケティング戦略を考える。ただ、戦略が空論にならないよう、また論理が先走らないよう、次のような僕自身の昆布体験を戦略構築の足掛かりとしたい。

僕は小・中学校時代、映画館で映画を見ながら食べた「都こんぶ」の味が忘れられない。今時ならポップコーンだろうが、当時は都こんぶだった。当時もほかに甘い駄菓子はあっただろうに、どうして酢昆布なんか食べていたのだろう。

よくよく当時を思い出すと、都こんぶを買い与えてくれた母が「昆布を食べなさい。昆布を食べると頭が良くなるそうよ」と言っていた気がする。母は今でいう教育ママだった。しかし、その母のおかげで今の僕がある。都こんぶのおかげもあるかもしれない。

この「昆布を食べたら頭が良くなる」という知識は母だけの知識ではなく、当時は世間一般の常識だったように思われる。「昆布や海藻を食べると頭の毛が増える」という知識も同類だ。であれば、母はどうやってその知識を得たのだろう？　当時は当然ながらＳＮＳのようなネット関連のインフラは存在せず、ＴＶさえ十分に普及してはいなかった時代だ。恐らくこのような情報伝達は、主婦間のクチコミが中心だったに違いない。

当時のこの「昆布を食べると頭が良くなる」というクチコミ情報を、現在の情報に置き換えれば「昆布に多く含まれるヨウ素は基礎代謝を高め、特に子どもにとっては体や知能の発育を促進させる効果がある」となるのではないか。

しかし現在、一体どれだけの主婦や消費者がこの科学的根拠のある昆布情報を知っているだろうか？ あれから数十年たった現在、当時とは比較にならない情報化社会が実現したにもかかわらず、昆布業界にとって貴重なこの情報が世間に行きわたらないのは一体なぜだろう？ その理由に、昆布マーケティングを考えるためのキーワードがあるのではないか。

一方、実家で母が鍋料理の時などには昆布をどのように扱っていたのか？ ワイフに聞いてみた。母は湯豆腐のように昆布を煮出してしまう鍋料理では、使用後は昆布を捨てていたようだ。しかし、しゃぶしゃぶや雑炊のような料理では、昆布を入れて十分だしが出たらお湯が煮立つ前に昆布を鍋から出したそうだ。

そしてその昆布を佃煮にしたり、細かく刻んで他の料理に再利用していたそうだ。だしが出切っていないため、軟らかくておいしい食材として使えたのだろう。この母の知恵にも昆布マーケティングを考えるキーワードがあると思う。

昆布マーケティングの一考察
～食文化の継承へ鍵を握るZ世代～

2022年
8/22
Diary

僕の個人的な体験を踏まえて、いよいよ本題であるマーケティング戦略の考察に話を進めたい。考察する内容をマーケティング戦略案と戦略の実践（仮説）の2つに分けて整理する。今回はまずマーケティング戦略案を提示する。

(1) 昆布の基本知識&昆布調理レシピの普及

昆布マーケティングの基本は消費者に昆布に関する情報を知ってもらうことだ。ただ「昆布の産地別特徴」「昆布の栄養素」「昆布だしの取り方」「昆布料理レシピ」などさまざまな情報を商品パッケージ上だけで伝えようとしても限界がある。情報伝達を個別企業任せにするのではなく、例えば昆布協会の会員企業が合同で使える「昆布の知識」のような小冊子を作成して店頭に配布してはどうだろうか。大きな費用は掛からないはずだ。同時に昆布協会は、ＳＮＳやＹｏｕＴｕｂｅなどのネット機能を有効に使った告知手法にも挑戦すべきだろう。やり方次第では高い費用対効果が期待できる。

(2) 「昆布は海の野菜」告知強化

（一社）ファイブ・ア・デイ協会で「海藻は海の野菜」として認定された。昆布、ワカメ、ヒジキ、モズクなどの海藻はすべて海で採れる野菜なのだ。「昆布はだしに使う海藻」という消費者の認知に「昆布は海の野菜」との認知を付加することで、食用としての需要を創造できるはずだ。それには次のような知識をＳＮＳやマス媒体、小売の売場などで告知展開する必要がある。

・野菜（陸の野菜）と海藻（海の野菜）の主な栄養素の違い
・野菜と海藻をバランスよく摂取することの重要性
・昆布固有の豊富な栄養素（カルシウム、ヨウ素、食物繊維など）と健康効果。併せて海苔、ワカメ、ヒジキなど他の海藻の栄養素と健康効果

(3) 「海の野菜協会」（仮称）設立

このような情報を世間に広く告知するためには、海藻乾物業界に横串を刺さねばならない。すべての海藻乾物企業が合同で、例えば「海の野菜協会」のような業界横串のマーケティング組織を設立してはどうだろうか。簡単な課題ではないが、小さく生んで育てることを目的とするならば、アクセスのＡＫ研が当初の横串機能を果たせるかもしれない。

(4)「昆布食はエシカル＆ＳＤＧｓ」の告知強化

昆布マーケティングで最も重要なターゲットはＺ世代だろう。Ｚ世代に昆布食の習慣がなければ、昆布の食文化がさらに次の世代につながっていくことを期待できない。「Ｚ世代に昆布食を習慣化させる」ためには、単に昆布情報を流すのではなく「人間の心の動きに訴える」つまり、行動経済学のヒューリスティック手法（社会的選好）を活用すべきだろう。現代のような情報化社会ならばこそ、次のような情報の伝達を可能にする方法があるはずだ。

・昆布は自然食品であり、昆布食は「エシカル消費」である
・昆布は食べ切れる食品でロスを発生させない。ＳＤＧｓ関連食品である
・昆布を使った料理はおふくろの味であり、家庭料理の原点である
・おふくろの味を守ることが、日本の食文化を守ることにつながる

(5) 乾物昆布を使った商品開発

①１００％粉末昆布

昆布の粉末を主原料とした「昆布だし」はすでに市場に存在しているようだ。しかし既存の商品はどれも、だしをおいしく簡単に出せるように調合した、だし専用の加工食品である。「おいしくなるように加工する」という余計なことをせず、例えば「１００％羅臼昆布粉末」のよ

うな商品があってもいい。１００％粉末昆布であれば、消費者はだし取り目的に使うのみならず、野菜サラダや惣菜、汁物などに「昆布のうまみと栄養を添加する」目的で粉末昆布をかけて食べるシーンが想定される。

②自然食の昆布菓子

最近のＺ世代にはヘルシー食品派やエシカル消費派が増えているはずだ。Ｚ世代の消費者にかつてのような「昆布を食べると頭が良くなる」という情報が行き渡れば、昆布菓子をスナック菓子の代わりに食べてくれるかもしれない。できれば１００％自然食の昆布菓子を提供したい。彼ら若者がＰＣやスマホに向かいながら、昆布菓子をつまむシーンが頭に描ける。

以上が僕の考える戦略案である。次には、この案を実行に移す場合の手順はどうするか？「戦略の実践」について考えてみたい。

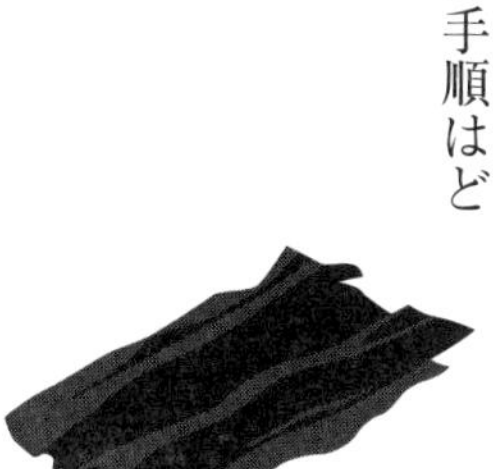

昆布マーケティングの一考察
～空想から始まる（？）戦略実践～

2022年
8/24
Diary

昆布マーケティング戦略を具体的に実践するには、見本となる戦略ストーリーが必要だろう。そこで一つの仮説を立ててみた。次の仮説は、前回提案した昆布菓子を戦略上の武器とした上で、効率的な戦略投資の考え方を基本に置いた。仮説のヒントになったのは都こんぶ(中野物産)の中野社長からお聞きした言葉、「現在の都こんぶは、昔のような子どもの駄菓子ではありません」だった。

であるならば、今こそ「Z世代の駄菓子」となる昆布菓子を開発して普及させ、乾物昆布の需要をけん引させることが可能ではないか？という発想をベースに仮説を組み立てた。

(1) 戦略目標AND／OR戦略ストーリー

「昆布菓子市場の拡大」→「乾物昆布市場の拡大」→「全昆布・海藻乾物市場の拡大」→「乾物業界の生産性向上」→「乾物業界の持続的成長」

(2) 戦略ＳＴＥＰ

〔ＳＴＥＰ１〕

・自然食品、健康食品である昆布菓子商品を開発して発売

・集中的なマーケティング効果により、商品は「Ｚ世代の駄菓子」として成長

〔ＳＴＥＰ２〕

・昆布菓子が一般家庭にも普及

・「昆布は頭が良くなる食品」イメージの復活

・「昆布菓子は発育盛りの子どもや高齢者にも適した菓子」との認識が広がる

・昆布菓子の常食化や業界のマーケティング効果で、昆布の栄養知識が家庭に普及

〔ＳＴＥＰ３〕

・乾物昆布を使った家庭料理が普及

・「海藻は海の野菜」マーケティング効果で、昆布や海藻類の栄養知識が普及

・乾物昆布を使った料理と昆布食への興味や関心が高まる

・乾物昆布でだしを取る家庭料理の価値や、日本伝統食文化の価値が再認識される

〔ＳＴＥＰ４〕

・内食のみならず中食や外食などでも昆布メニューが普及し、業務用市場が拡大

・昆布菓子が海外の若者にも人気となり、商品輸出が拡大
〔STEP5〕
・「海藻は海の野菜」の認知が広がり、あらゆる海藻乾物の需要が拡大
・海藻乾物業界の意識改革が実現し、農産乾物業界にも波及効果をもたらす
〔STEP6〕
・乾物業界における縦割り文化の弊害が解消し、業界全体の生産性が向上
・乾物業界の再編が動き出す
〔STEP7〕
乾物業界が持続的成長へ。新たな昆布養殖技術が開発導入され、昆布の採取量が増大へと転換する。

以上である。この戦略発想は非現実的で、空想にすぎないと思われるかもしれない。しかし、あらゆる発明や改革は全てが空想から始まるのだ。

この案を空想あるいは夢物語と批判する前に、昆布市場はじめ全乾物市場を一体どうしたら成長させられるか？ 乾物業界を担う一人一人が、自らの空想を広げていってもらいたい。この考察がそのきっかけとなれば幸いだ。

野球戦法に学ぶ戦略と組織

2022年 9/12 Diary

『マネー・ボール』という本がある。主人公をブラッドピットが主演した同名の映画もある。この本は野球の娯楽本というよりは経営本として有名だ。だから読んだことがある。しかし、カタカナの名前がいっぱい出てくる外国の訳本は苦手で、内容をよく覚えていない。だから最近映画を観た。そして本も読み直してみた。そうしてなんとか内容を理解することができた。では、この本は一体経営の何を教えているのか? 当初は「弱者の戦略」かと思ったが、やはり「戦略イノベーション」についてではないか。

本の主人公は、アスレチックス（メジャーリーグチーム）のジェネラルマネージャー（GM）であるビリーだ。彼は有望な選手だったが、期待に応えられず引退してスカウトに転向した。その彼が学んで取り入れたのが「野球を統計学で戦う」戦略だ。その結果、ビリーのもとで進行したのは「戦法とチーム編成のイノベーション」と「球団組織変更の物語」だった。

アスレチックスは貧乏球団で有力選手をスカウトできる資金がなかった。有望な新人の獲得に提案できる契約金が、金持ち球団とは一桁違っていた。また獲得した選手がたまに育って成長しても、すぐに他球団に高年棒で引き抜かれてしまう状態だった。

従って、アスレチックスは毎年リーグ最下位の定位置を占めていた。

新たにGMに就任したビリーは、選手をスカウトする基準を従来とは大きく変更した。ホームラン数、ヒット数や打率などではなく「出塁率」を最重要視したのだ。つまり、試合に勝つためにはヒットを打つ回数よりも、フォアボールを含めて出塁する回数が多い方が有効と判断したのだ。ヒットを打っても点になるとは限らないが、塁に出なければ点は絶対に入らない。高出塁率の選手（選球眼のいい選手だろう）に他球団は注目などしていないから、彼は少ない契約金でそうした選手を獲得することができた。

また敵が送りバントをしても、1塁ランナーを2塁で刺してアウトにさせず、必ず打者を1塁でアウトにさせた。その方が確実にアウトを増やせるからだ。

つまり彼は従来の野球の常識や原則に縛られることなく、また経験や勘で戦うのではなく、統計と確率で戦う戦法に変更したのだ。

もちろん周囲は彼の戦略をバカにしていたし、監督もビリーの意見に従ってはくれなかった。だからすぐには結果を出せなかった。しかしある時からアスレチックスは連勝するようになり、20連勝という歴史的快挙を成し遂げる。ビリーの戦略が功を成したのだ。

ある年（２００２年？）には、アスレチックスはヤンキースとリーグ優勝を争うようになった。結果として優勝戦では負けたのだが、決勝戦までの両チームの勝ち数は同じであった。優勝はできなかったものの、そのシーズン中の勝ち数にかかった費用が1勝あたりヤンキースの１４０万ドルに対して、アスレチックスは26万ドルだった。

なんとアスレチックスはヤンキースの１／５の費用で対等に戦ったのだ。

以上のようなアスレチックスの新しい野球理論の土台となる考え方は、「セイバーメトリクス」といわれ、今では大リーグの各球団に広く取り入れられているらしい。

セイバーメトリクスとは、野球をプレーするにあたって、さまざまなデータを統計学に基づく視点から客観的に分析し、選手の評価や戦略を考える手法のことのようだ。

この手法は、企業の人材評価や人事戦略にとっても何らかの参考になるかもしれない。

一方、流通業界にも似たような話がある。

米国の大手小売企業クローガーは、成長過程で戦略を変えたことがあるらしい。

クローガーは、今後地域シェアがスーパーマーケットの勝敗と採算を決めるとの認識に立ち、従来用いてきた「1店舗あたりの利益」という指標から、「地域人口１０００人あたりの利益」

という指標に戦略目標を変更した。なぜなら、1店舗あたりの利益を重視しすぎると自店間のカニバリゼーションを恐れて、隣接地域への出店に二の足を踏むからだ。

この指標の変更はクローガーの戦略イノベーションと呼べるかもしれない。

アスレチックスの場合もクローガーの場合も、経営環境に適した戦略を取り入れているのだ。戦略イノベーションとは少し大袈裟かもしれないが、経営環境に適した戦略に変えなければ、戦いには勝てないことを示唆している。

また戦略の変更は組織変更を促す。なぜなら戦略が変われば当然組織も変更すべきだからだ。戦略を実現するためには、組織と人員配置が戦略に適合していなければならない。

自分の経験においても、日本アクセスの社長時代には頻繁に組織や人事を変更した。M＆Aを含め毎年のように企業規模を拡大していたし、更なる成長を目指して戦略を頻繁に見直していたから当然であった。戦略があってこその組織であり、組織があってこその戦略だ。

逆に、長期間にわたって組織や人事の変更をしていない企業には問題があるかもしれない。現在のように経営環境が大きく変化しているにもかかわらず、戦略の変更をしていないことを意味するからだ。さらに、経営者が人材の活かし方を理解していないことを意味するからだ。

毎年最下位だったアスレチックスは、戦略のイノベーションによって戦法と組織を変更し、リーグ優勝を狙えるチームにまで蛻変した。

マネーボールは「戦略を変えれば勝てる」ことを教えているが、同時に環境が変わったのなら「戦略を変えないと勝てない」と言うことも教えていると思う。

追記：

もし成長の壁にぶち当たっている企業があるならば、戦略を見直した方がいいだろう。

もしかすると乾麺乾物企業の中には、誰かに「貴社の経営戦略について説明してください」と要請されても、うまく答えられない企業が存在するのではないか？　経営しているトップが、自社の経営戦略を認識していない企業が存在するのではないか？

「先代の時代からずっと継承している事業だから……」なんてことは言い訳にはならない。

外食ざら場市場戦略の失敗

2022年
9/26
Diary

今日は外食関連事業における僕の経験談を記しておこうと思う。後輩達にとって何らかの参考になれば幸いだ。

僕は日本アクセス社長に就任した早々「外食市場開発」を「惣菜市場開発」と並ぶ中期経営計画の重点戦略ターゲットとして掲げた（乾麺乾物市場開発は、ドライカテゴリー利益率改善のための手段として位置付け）。

僕はユニバーサルフードを吸収合併することで、外食市場を攻める体制を整備することができた。日本アクセスの全温度帯物流機能とのシナジー効果も十分期待できた。

しかしながら、外食最大の市場である「ざら場市場」の攻略方法が見出せずに悩んでいた。そんな状況下に、グローバル企業の独メトロが日本市場に進出してきたのだ。

僕はメトロの日本進出を千載一遇のチャンスと考えた。

メトロはキャッシュ&キャリー（C&C）業態の店舗を構えた，業務用総合食品卸である。

主たる客層は消費者ではなく外食業界の個店である。つまり、外食「ざら場市場」を主戦場とする企業であって、僕はメトロと組めば共同でざら場市場の開発ができるはずだと考えた。同時に、日本アクセスこそが同社の日本市場におけるベストパートナーになり得ると確信した。

似たような企業として日本市場には既に、神戸物産が全国的にFC展開する「業務スーパー」やCOSTCOなどがあったが、業務用専業ではなく小売も行っている。というより、実際には、業務用より一般消費者向けの販売比率の方が大きいだろう。

神戸物産などは、自ら「我が社は業務スーパーであって業務用スーパーではない」と主張している通り、業務用と市販用の間に境界線を引いていない。COSTCOも同様だ。神戸物産といえば日本アクセスの重要客先であり、僕は同社の沼田会長とのお付き合いを通じて成長の秘訣やSPAのあり方など、さまざまなことを学ぶことができた。沼田さんは、優れた品質の商品をできるだけ安価に、かつ大量に調達する企画力や実現力が尋常ではない御仁である。現食品業界で、真にSPAといえる企業は神戸物産とセコマぐらいではないだろうか。

両社とも川下ではなく川上事業分野がプロフィットセンターになっているものと推察する。現在はご子息に社長の座を譲られたが、きっと今でもPB商品の供給イノベーションを仕掛けておられるはずだ。

今日日記で語りたいのは神戸物産についてではない。C&Cのグローバル企業であるメトロとの取組みについて語りたい。とりわけメトロと取り組んだ僕の失敗談について語りたい。

もう20年近く前になるのではないか。

業務用C&Cの巨人メトロ（独）が丸紅の仲介で日本へ進出し、業務用市場の開拓を狙った。千葉県に一号店をオープンした後、数店舗を展開するまでに至ったのだが、残念ながら業績不振が続き、昨年だったと思うが挫折して日本市場から撤退してしまった。

メトロは世界各国に店舗展開しているグローバル企業なのだが、日本市場においては商習慣やサービス価値観の違い、あるいは店舗展開の難しさなどがあり強みを活かせなかったようだ。

日本アクセスはメトロと取引していたし(外食事業部ではなく中央支店が窓口)、専用センターも運営していた。メトロとの取組みを強化するべく、社長の僕が陣頭指揮をとっていたのだ。

僕は「メトロをパートナーにして日本の巨大なざら場市場を開拓する」ことを日本アクセスの戦略として描いた。前述した通り、日本アクセスは業務用卸のユニバーサルフードを吸収合併することによって、外食チェーンを攻める体制を整備することができたが、ざら場市場を攻略する戦略だけは描くことができなかった。

そこに世界のメトロが出現したわけで、褌《ふんどし》パートナーとして取り組むのに不足はなかった。

メトロと組んだのは日本市場だけではない。中国上海市場においても取組みを行った。

僕はメトロのアジア総支配人に頼んで上海の責任者を紹介してもらい、上海の卸子会社である中金にメトロ中国との口座を開いてもらった。中金を日本の食品メーカー製品などの購買窓口として起用してもらったのだが、例えばハウスのカレー製品などがよく売れた記憶がある。また日本食の取組みを他国にも発展拡大させるため、僕は独のデュッセルドルフにあるメトロ本社を社員と一緒に訪問した。経営者達にさまざまな日本食を持ち込んで試食提案を行ったのだ。当時の僕に行動力があったというよりは、ただ思い込みが激しく、一度決めたらがむしゃらに動く男だったにすぎない（と、今では反省している）。

しかし、残念ながら中国以外の国でメトロとの取引が実現するようなことはなかった。以上のように、メトロを日本の外食ざら場市場開発、並びに中国における日本食品市場開発のパートナーとして取り組んだのだが、結果として僕のこの戦略は失敗に終わった。なぜならば、取組みの核となるべき日本のメトロが業績不振で撤退してしまったからだ。日本のメトロとは、トップ同士ではお互いに戦略パートナーとして取り組む方針を確認できていたのだが、取組み自体は順調には拡大できなかった。トレードが伸びなかったし、先行投資して設営した専用センターの運営も、ワイン等輸入食品が在庫過多であったことから赤字経営が続いた。商品回転率が想定を大幅に下回り、なかなか赤字を改善することができなかった。

僕は現場には「改善せよ！」と口うるさく言っていたが、担当者には苦労をかけたと思う。

メトロが日本から撤退せざるを得なくなった理由は、ウォルマートやテスコなど他の外資小売と同様、持ち込んだ企業文化が日本の風土文化に合わなかったことが考えられる。自社の強みを日本市場では活かし切れなかったものと思われる。

しかしメトロが撤退した理由はそれだけではない。「マーケットイン」という流通企業の基本を見失っていたからだと思う。日本の業務用ざら場市場をよく理解していなかったとも思う。

メトロは日本の業務用市場における自社ＩＤＥＮＴＩＴＹを強化するため、欧米食材の品揃え強化で差別化を図ろうとした。仏産の食材など高級食材の品揃えは確かに豊富だった。前述したワインのＳＫＵは膨大な数だった。しかし、仕入れ先に仏産の食材やワインの品揃えを要求するような個店は、ざら場市場にはほとんど存在しないのだ。存在したとしてもニッチでしかない。

彼らはそんな洒落た高級品より、醤油や味醂など一般食材を少しでも安く手に入れたいのだ。

つまり、ざら場市場のニーズとメトロの品揃えはミスマッチをしていたとしか思えないのだ（ＣＯＳＴＣＯのように会員制度を消費者にも広く開放していれば、存続できたかもしれない）。

日本メトロの社長は丸紅の管理部出身の方だった。本部スタッフのほとんどが業務用食品流通業界以外からの寄せ集めだった。こんな言い方するのは大変失礼だと思うが「素人集団に流通企業の経営は難しい」ことを改めて実証したものと僕は考えている。

そして、メトロの経営実態や将来性をよく見抜けないままに「ざら場市場はメトロと取組む」と号令し、突っ走った僕の愚かさも証明された。有名なブランドに魅せられ、実態を吟味把握せずに飛びつくような短絡的な戦略は、決して成功しないことが実証されたのだ。

結果として、日本アクセスのメトロとの通算の取組み総合収支は大きな損失だったに違いない。僕は日本アクセスに無駄な投資と時間の浪費をさせてしまったことになる。

なんのことはない、僕自身も外食市場戦略のド素人だったのだ。

追記：

米国の外食流通は、SYSCOのようなフードサービス・ディストリビューターが主流である。僕はSYSCOの購買責任者と邂逅《かいこう》し、自分が主管していた伊藤忠の米国子会社卸であるICRESTとの口座を開設してもらった。

当時のICRESTは、カリフォルニア州に60～70店舗を運営していた「BEEF BOWLの吉野家」向け一括配送業務を担っていた。しかし食品卸といえるほどの食品売上規模ではなかった。それでもSYSCOと取引することによって、日本食材の売上が次第に増えていった。

僕はSYSCOのLA支店も本社も訪問したことがある。米国の外食流通を勉強させてもらった。

ＳＹＳＣＯの物流を担うのは巨大なトラック群である。トラックは巨大すぎて、恐らく日本では走行不可能だろう。結論から言えばハード面では日本の外食卸が見習うべきモノはなかった。

トラックは物流拠点で商品を詰め込み、定まったルートを走行しながら商品を卸していく。ミニマムオーダー制度があり、ワンオーダー１００ドル以上のバリューがなければ配送しない。

物流センターを見学して受発注の仕組みを教えてもらい、集荷配送ルールも教えてもらった。どれも日本とは全く異なる仕組みとスケールの大きさだった。参考にはならないと思った。

しかし、最も興味を持ったのはソフト領域のサービスだ。というか客のケアサービスだ。例えば業績が伸びない店に対して、ＳＹＳＣＯはその店の地域環境分析データを提供しながら、経営アドバイスを行っている。経営不振に悩むイタリア料理店があれば、その店のオーナーに対して「周辺には有力なイタリア料理店が多く存在するから、この地域にないフランス料理店に転換した方がいいですよ、全力でバックアップします。」などとアドバイスする。そして、フランス料理店へ転換するための食材はもちろん、調理器具、備品や食器など必要な資材一切を提供するのだ。要望があれば、店のデザインや内装まで提案している。

日本の業務用食品卸にも、いずれこんなコンサル機能が必要になる時代が来るかもしれない。

吉野家の想い出
～イオンの目算～

2022年
10/10
Diary

かつて牛丼の吉野家は伊藤忠グループ企業だった。１９９０年代末に西友がリストラした際に、ＦＭ株式と同様に株式譲渡を受けたものだ。主管したカンパニーは食料カンパニーだった。カンパニー内での吉野家主管部は畜産部であり、食品流通部の僕自身は主管ではなかったが、常に吉野家関連情報には耳を澄ましていた。なぜなら吉野家の牛丼が大好きだったし、当時の社長だった安部修仁さんを尊敬していたからだ。叩き上げ社長だけあって魅力的な人だった。

しかし、伊藤忠は吉野家を関連会社化したにも関わらず、同社とのトレードメリットをあまり得られなかった。メイン食材である米国産牛肉の輸入販売には介入できなかったし、店舗配送業務は吉野家グループ内のベンダー子会社が担っていた。

90年代後半は、伊藤忠自身も経営危機にあって資産の効率化が全社の課題だった。食料カンパニーは、会社から投資リターンが出ていない株式の売却を迫られ、吉野家の株式は常にその筆頭候補に挙がっていた。しかしぶっちゃけて言えば、吉野家の株式は当時伊藤忠社長だった丹羽さんが保有を希望された銘柄として特別扱いだった。売却を免れていたのだ。

２００３年に吉野家がＢＳＥ問題で牛丼販売を停止すると業績も株価も下降線をたどり、株式保有継続に対する社内からの批判をヒシヒシと感じるようになった。それでも丹羽銘柄の威力は強く保有し続けることができた。丹羽さんも決して、売れとは言わなかった。

あれは、僕がカンパニープレジデントになった２００６年のことだったと思う。突然イオンの岡田さんが伊藤忠本社に丹羽さんを訪ねてこられた。面談には僕も同席した。岡田さんの訪問目的は伊藤忠に吉野家の株式を売って欲しい、というものだった。その頃の吉野家は、05年に牛丼販売を復活して以来業績は順調に回復しつつあった。

岡田さんが説明された吉野家の株が欲しい理由とは「外食と中食の融合を実現したい」というものだった。イオングループの惣菜事業と有力外食ブランドを融合することで、事業の拡大や競合ＳＭとの差別化をはかりたいと考えておられたようだ。

伊藤忠としての即答は避けたが、いかに岡田さんからの直接要請であろうと、イオンに吉野家株式を売却することはできなかった。株式保有カンパニーの責任者である僕が反対した。要請に応えたところで、伊藤忠グループへの見返りを期待できるような甘い相手ではなかったからだ。それに第一、イオンへの株売却は吉野家自身が嫌がることが明らかだった。そして僕も丹羽さんも、吉野家の安部さんは我々の盟友と思っていた。

どんな理由があれ、伊藤忠を信頼してくれている友を裏切るようなことはできなかった。

当時、伊藤忠の経営環境は相変わらず厳しかったが、この頃はまだ「情が理を優先する経営」が許される時代だったかもしれない。

岡田さんの要請を受けてからしばらくして、僕と丹羽さんはイオン本社のある幕張へ岡田さんを訪ねた。もちろん吉野家株式売却の要請をお断りすることが訪問目的だった。目的がお断りの返事をするためだったために、面談は意外とあっさりしたものだった。

丹羽さんは窓の外に見えるロッテ球場を指差しながら、「イオンさんで買収されませんか?」なんて呑気なことを岡田さんに話していた。

せっかくの機会だったから、僕は帰り際に岡田さんに聞いてみた。

「イオンさんは三菱商事や三菱食品との取引を今後ますます強化されるおつもりですか?」と。当時、三菱商事はイオンと資本業務提携を結んでいたが、その提携効果はまだほとんど表面化してはいなかった。ユニーグループと提携した伊藤忠に対する、単なる対抗心と思っていた。

岡田さんの返事は興味深いものだった。「三菱さんは、イオンはじめ小売のことがよくわかっていないのですよ。」とだけ答えてくれたのだ。以後、イオンの吉野家に対する興味は消え去った。そして数年後、イオンは三菱商事との資本業務提携を解消した。

追記：

岡田さんが計画されていた「中食と外食」の融合は、今ではＣＶＳが販売する外食有名店監修の弁当や麺類、惣菜などで実現されているが、一般のＳＭではあまり見られない。イオングループのオリジン弁当が製造する惣菜を、イオングループの店舗で販売するケースは散見される。それ以外は知らない。

しかしながら、最近では全国のＳＭで王将の冷凍餃子が当たり前のように販売されているし、ロイヤルの冷凍調理品などファミリーレストランの商品も小売に進出するようになった。

ひょっとすると今後は、外食ブランド商品が小売市場に進出する傾向がもっと顕著になるかもしれない。岡田さんのビジョンは、小売主導ではなく外食主導で実現されるのかもしれない。

吉野家の想い出
～涙の栄光の架け橋～

2022年
10/17
Diary

前回の日記でも少し触れたが、僕は吉野家の安部修仁社長とは親しくさせてもらっていた。安部さんは温厚な人柄で誰にも好かれる人物であり、外食業界にもファンが多かった。なかでも「まいどおおきに食堂」を運営するフジオフードグループ本社の藤尾政弘社長は、熱烈な安部さんのファンだった。安部信者と言ってもいいほどだ。

そんな藤尾さんから安部さんの紹介を頼まれた。自分で会いに行けばいいと思うが、見かけによらず恥ずかしがり屋の社長だった。当時のフジオフードはまだ成長期にあり、業界であまり有名な企業ではなかったからかもしれない。経営以外では弱気で人見知りの経営者だった。

そこで我々はゴルフコンペの開催を計画した。どうせコンペをするなら、外食業界の親分衆に声をかけようということになった。コンペの席で藤尾さんを安部さんはじめ外食業界のトップの方々に紹介しようと考えたのだ。こんな時にゴルフは便利だ。会食の席を設営するとなると重々しくなるが、コンペなら気楽にお誘いできるし、相手も気軽に参加していただける。

コンペに吉野家の安部さん、フジオフードの藤尾さん、スタバの角田さん、モスの櫻田さん、すかいらーくの谷さんなどの業界人が参加してくれた。ホスト役である伊藤忠のメンバーが加わって和気藹々《あいあい》にゴルフを楽しむことができたが、藤尾さんの皆さんへの紹介はもちろん、有意義な情報交換や意見交換をすることもできた。参加者全員がこのコンペの開催を毎年恒例にしましょうと言っていたが、2回程の開催で終了してしまった。やはり時が経つと人事が変わるからやむを得ない。

ゴルフの余談になるが、外食企業トップの中で谷さんはダントツにゴルフがお上手だ。たしかシングルプレーヤーである。コンペではアンダーを記録された記憶がある、また、モスバーガーは女子プロのスポンサーになっていて、櫻田さんとご一緒する時は女子プロを入れてコースを回ったことが度々あった。

その一人である韓国出身プロのアンソンジュさん（愛嬌があって気立ても良い）と回った時に直接コーチをしてもらった。そのお陰で、僕は悩んでいたフックボールを矯正することができた。

話題をゴルフから吉野家に戻す。

安部さんとはゴルフを通じてというより、お互いの趣味である音楽を通じて交流を深めた。

安部さんは知る人ぞ知る、ミュージシャンだ。ご自分でギターを弾き、吉野家の社内でバンドを編成している。唄も大好きな方で、よく赤坂にある安部さん行きつけのスナックでカラオケ唄合戦をしたものだ。そんな安部さんが涙を流して唄った「栄光の架け橋」が僕の心に強烈に焼き付いている。

それは吉野家が牛丼を復活した2005年のことだった。

2003年、吉野家はBSE問題で米国産牛肉が輸入できなくなったため牛丼の販売を停止した。一方、すき家は牛肉を米国産から豪州産に切り替えることで牛丼の販売を継続した。吉野家は米国産牛肉の使用にこだわり豪州産牛肉では店の味が出せない、と頑なだった。

吉野家が味にこだわったのは、過去の苦い経験からだった。吉野家は1980年に一度倒産しているが、牛丼のタレを粉末にするなどコスト削減努力で味を損ねたことが原因だったのだ。

吉野家は牛丼の代わりに豚丼を始めたが、牛丼を食べたい消費者は、どんどんすき家に流れて行った。吉野家は歯を食いしばって我慢するしかなかった（伊藤忠としては豚丼の原料を、当時子会社だったヤヨイ食品の青島工場で生産して輸入するという恩恵があったのだが）。

そして05年、米国産牛肉の輸入がやっと解禁された。我慢に我慢を重ねてきた吉野家は、直ちに牛丼の販売を復活させた。復活初日の2月11日、一日限定で販売した店の前には200m

を超える長蛇の列ができた。消費者も吉野家の牛丼復活を待ち焦がれていたのだ。

吉野家は牛丼復活を祝うため、場所は新橋だったと思うが某会館を貸し切って全社員集会を開催した。僕たち伊藤忠の関係者も、株主として全社員集会に招待された。安部さんや役員などの喜びの挨拶や苦労話が続いた後、やおらステージにバンドが出現した。例の安部さんが率いるバンドだった。

安部バンドが唄い始めたのはあの「栄光の架け橋」だった。すると全社員が立ち上がり、大声で、声を枯らして、手を上げて、唄ったのだ。そしてしばらくすると会場が喜びと感動の涙に溢れた。全社員が長い間の苦労を思い出したのだろう。長いトンネルをくぐり抜けた後の喜びは涙でしか表現できない。

安部さんも唄いながら泣いていた。バンドメンバーたちも泣いていた。

そして、招待客である我々も立ち上がって合唱し、社員と一緒に泣いていた。

涙もろい僕なんかは、大粒の涙がいつまでも止まらなかった。

今こそ日本の乾物を世界へ ～「うまみの現地化」が不可欠～

2022年 10/19 Diary

ＮＨＫのＢＳで放送された「世界へ発信！ 日本のうまみ」という番組を見た人はいるだろうか？ この番組は、日本の乾物が世界市場を狙うチャンス到来であることを示唆してくれている。同時に、うまみの素となる日本の乾物「鰹節、昆布、干し椎茸」が、世界中の市場で受容される可能性が大きいことを確認できる。また一方で、日本では無名と言ってもいい乾物企業たちが世界で活躍していることを教えている。この番組を見ていない人のために内容を紹介しておこう。これを通じて、乾物の海外市場開発の可能性を実感してもらえれば幸いだ。

番組は、まず「うまみとは何か？」の説明と「だしのうまみ」の紹介から始まった。乾物企業紹介の最初に登場したのが、東京芝大門にある「だし専門店・山長商店」だ。この店は１７０年も続く老舗らしいが、僕はその存在を知らなかった。販売商品は鰹節、昆布、干し椎茸などの乾物で、番組ではこの店で楽しめる「だしのランチ」を紹介していた。だしに漬けて低温調理した鴨肉や、「金色だし」と呼ぶ6種類のだしを使用した鴨真薯《しんじょ》汁、さらにだし巻き卵などを副菜にして、ご飯には削りたての鰹節とだし醤油をかけて食べる、だし三昧のランチだ。とてもおいしそうで今度ぜひトライしてみたいと思っている。

次に世界に発信される「うまみ」の紹介となるが、トップは「鰹節のうまみ」だ。築地に本店がある鰹節専門の卸企業「和田久」の和田祐幸社長がストーリーテラーだ。同社は、スペインの自社工場で鰹節を生産して欧州中で製品販売を行っているが、番組では現地の工場もオンラインで紹介している。

欧州では、日本の鰹節がEUの食品安全管理基準に適合せず輸入できない。そのため、同社は適合する生産技術を開発して、15年前にスペインのビーゴという港町で生産工場を設立した。事業を開始した最初の2年間は、欧州の国々を10万㎞も走って行商する苦労があったようだ。現在は日本料理店のみならず、EU各国の現地レストランで同社の鰹節が使われており、事業も軌道に乗っている。日本に製品の逆輸入もしているようだ。

番組では、実際に現地のシェフたちが鰹節を使って開発したさまざまな料理を紹介している。「日本酒を鰹節だしで割ったカクテル」「鰹節ソースのパスタ」「鰹節のエスプーマ」「衣に鰹節を使って揚げた鴨のコンフィ」など、日本人では思いつかないメニューが多い。さらに番組では「モッツァレラチーズ＋ハーフドライトマト＋バジル葉」に鰹節を振りかけ、塩とコショウ、そしてオリーブオイルと醤油をかけて食べるメニューも提案しているが、これなら日本の家庭でも簡単に乾物イタリアンを楽しめる。

ここで強調しておきたいのは、和田久という卸企業が鰹節の海外市場を切り開いた事実だ。欧州この企業が築地市場に閉じこもっていたままでは、おそらく将来は先細りだっただろう。欧州には日本から鰹節を輸出できないという壁を乗り越え、自社のビジネスチャンスに変えた和田久さんのチャレンジ精神は称賛に値する。和田久さんができたのに、なぜ鰹節の大手NBメーカーにはできなかったのか？ と思う。さらに欧州市場での、いや、全世界市場での鰹節需要の顕在化に成功した和田久さんの功績と鰹節業界に対する貢献はとても大きいはずだ。

鰹節の海外市場を開発するには「うまみ」を頭で理解させるマーケティングのみならず、潜在ニーズを実際に掘り起こして顕在化していく地道な商品サンプル営業（ドブ板営業？）が必要だということを教えてくれている。また「うまみの現地化」も必要不可欠だ。日本食のうまみを単に伝えるだけではなく、実際に鰹節のうまみを生かしたメニュー開発を、現地の人たちの手に任せることが必要不可欠なのだ。

欧州や海外市場で鰹節を日本料理用の食材として販売しても、需要は恐らく日本料理のレストランなどに限定されるだろう。イタリアンにせよ、フレンチにせよ、中華にせよ、鰹節のうまみを現地化しなければ、その国のレストランや一般家庭に鰹節が浸透することは期待できない。この当たり前の事実を、この番組は教えてくれている。

今こそ日本の乾物を世界へ
〜うまみ、フレンチにピッタリ〜

2022年
11/7 Diary

「世界へ発信！ 日本のうまみ」というNHK番組は、鰹節のうまみの次に、昆布のうまみを紹介している。

最初に紹介されたのは、ニューヨークの名門料理学校「カリナリー・インスティチュート・オブ・アメリカ」で2018年に開催された「昆布とうまみ」というテーマのイベントだ。産地別の「昆布だしの味」をまるでワインのように比較するテイスティングや、昆布を使った料理の「うまみ体験」が行われたが、同時に未来のシェフたちを対象にした講座も開催された。講師は昆布の老舗、奥井海生堂の4代目社長である奥井隆さんだ。

彼はうまみについて「牛乳には含まれてないが、母乳にはたくさん含まれている成分」と説明している。そして「うまみは人の頭の中に刷り込まれている」「今まで忘れていただけ」とした上で、「だから人がうまみを求めるのは必然」と語っている。このうまみの説明は初めて聞いたが、うまい表現だと思う。どこか乳児の成長にとって重要な母乳の成分（物質名不明）と似ている。この成分は人工の粉ミルクには一切含まれていない。

西洋料理における「だしのうまみ」は畜肉類、魚介類、野菜類から作り出している。奥井さんは、日本伝統の「昆布だしのうまみ」を加えることで、西洋料理は今までの限界領域を超えることができる、と主張している。ニューヨークではフランス料理シェフのカリスマ的存在であるデイビット・ブーレイさんも、奥井さんの主張を料理人の立場から裏付けるように、次のように語っている。「西洋料理では、魚や肉や鳥のブイヨン、それにクリームやミルクをベースとして使います。どれもが存在感が強くそこから料理を広げることはできません。他の味が使えないのです。昆布の場合はとても控え目なので、あらゆる方向に展開可能です。昆布のうまみ、ミネラル、糖類、グルタミン酸などすべてが味をダメにしてしまうのではなく、さらに引き立ててくれるのです。」

ブーレイさんに「昆布のうまみ」を学んだインスティチュートの学生たちは、やがてはシェフとなり自分が創作する料理の秘密兵器として昆布を利用しているもようだ。一例としてマンハッタンのフレンチレストランのシェフと彼の料理が紹介されている。焼いたスズキに昆布と鰹節を使った「黒トリュフだし」をかけた料理だが、レシピの詳細は長くなるので省略する。

番組にはもう一人、米国で40年以上暮らし日本食の普及に努めている女性が登場する。彼女は「昆布のうまみはとても繊細なのでファストフードが主体のアメリカンフードにはあまり向いていない」「やはり昆布のうまみはフレンチにピッタリ合う」と述べている。ただ、「アメリカ人は毎日塩分を摂りすぎており、近い将来はうまみで食べる習慣が定着する傾向にある」「だから昆布だしの将来性には大いに期待している」とも述べている。

昆布だしがフレンチに合うのであれば、アメリカ中のフレンチレストランに昆布だしを広める活動を考えたい。米国フレンチ業界に、創作料理の秘密兵器として普及させていきたい。でも、どうやって?……。

例えばSYSCOのような大手業務用卸とタイアップし、フレンチの昆布レシピと商品サンプルを持って、米国内のフレンチレストランを一緒に営業巡回してはどうだろうか。僕自身、伊藤忠の現役時代に米国卸子会社を通じてSYSCOとの取引口座を開設し、日本食材の共同マーケティングを実行した経験がある。やってできないことはないはずだ。

今こそ日本の乾物を世界へ
〜日本の海藻乾物は「ＳＥＡ　ＶＥＧＥＴＡＢＬＥ」〜

前回の連載で紹介した、米国で日本食の普及に努めている女性は「アメリカ人は昆布を食べるのか？」という質問に対し「アメリカ人は昆布をほとんど食べない。昆布はＳＥＡ　ＷＥＥＤであってイメージが悪い」とも述べている。

やはりそうなのだ。昆布はＳＥＡ　ＷＥＥＤなのだ。アメリカ人にとって昆布がＳＥＡ　ＷＥＥＤ、すなわち「海の雑草」と認識されている限り、昆布は食べ物とは思われない。おいしいとかおいしくない、という以前の問題だ。いくら昆布は栄養や繊維質が豊富な食材だとアピールしても、雑草では食べてもらえない。やはり「ＳＥＡ　ＷＥＥＤ」ではなく「ＳＥＡ　ＶＥＧＥＴＡＢＬＥ」に認識を変更させなければならない。これは昆布に限らず、ワカメもヒジキも、そして海苔やその他の海藻乾物も同様だ。

例えば将来、アメリカの家庭で日本産の海藻乾物が消費されるさまざまな食シーンが目に浮かぶ。昆布だしを使って調理し、だしをひいた後に残った昆布を野菜サラダと一緒に食べる、ＴＶを見ながら、酢昆布やおしゃぶり梅昆布などのＳＥＡ　ＶＥＧＥＴＡＢＬＥ　ＳＮＡＣＫを食べる、洋風のひじき煮をレンジでチンして簡単に調理して食べる、野菜摂取を目的に、増えるワカメをコンソメスープやオニオンスープに入れて飲む、同じく、海苔や青のりをシーフードパスタやピザ、クラムチャウダーなどにかけて食べる……などだ。

これを人は妄想だと笑うかもしれない。しかし今後世界の食品の主流がPBFになるとすれば、海藻もその一翼を担うはずだ。陸のPLANTだけで世界の食を賄い切れるとは思えない。

以上の海外市場戦略は僕が以前から抱いている構想であり夢であるが、今後の日本の乾物業界が成長するためには海外市場の開発が必要不可欠だと信じている。乾物業界は、シュリンクする日本市場にしがみつくばかりではなく、海外市場に打って出ることを考えるべきなのだ。

しかし、僕の意見に賛同してくれる人が業界内に多く存在するとしても、一体誰がこの戦略を主導してくれるだろうか。現在縦割りの業界の中で戦略の主導者を見いだすことは難しい。前回の日記で紹介した鰹節卸の和田久さんや、今回の昆布卸の奥井海生堂さんのような、個々の企業努力に頼っているだけでは限界があるだろう。業界が一体となり、海藻乾物業界全体のプロジェクトとして推進することが必要だ。

だからこそ、わが国で唯一の私的乾物業界団体であるAK研の活躍に期待している。日本の伝統食文化を代表する乾物製品の海外市場開発は、営利事業ではあると同時に立派な社会貢献事業でもある。健康になりたい世界中の消費者をステークホルダーにするのだ。

日本の海から磯の香りが消えつつある？

2022年 11/30 Diary

熱海に行くたび不思議に思うことがある。

熱海の海は磯の香りが全くしないのだ。どの浜に行っても磯の香りを嗅ぐことができない。今回熱海旅行の帰りに小田原の早川漁港に寄ったのだが、漁港らしく魚の匂いはするものの、やはり海から吹く風に磯の香りを嗅ぐことはできなかった。一体どこの海へ行けば、あの懐かしい磯の香りに出逢えるのだろう。

かつて米国駐在時、家族で遊びに出かけたサンタモニカ海岸で、娘から「ねえパパ、この海の香りがしないのはどうして？」と聞かれたことがある。僕は「外国の海には日本の海のようにワカメや昆布などの海藻が生えていないからだよ。」と答えた記憶がある。果たしてそれが正しい答えだという自信はなかったが、「磯の香り＝海藻の匂い」とは誰でも思いつく答えではないだろうか。でも、「米国の海には海藻が生えていないの？」と聞かれたら返答に窮してしまう。

そして今回、改めて自分自身が「なぜ、熱海の海は磯の香りがしないのか?」「もしかしたら日本中の海から磯の香りが消えつつあるのか?」「それは海藻が減っているせいなのか?」といった疑問を抱いた。

そこでその答えを得るために、日本の海はなぜ磯臭いのか? 原因自体をまず調べてみると、日本の海が磯臭いのは「栄養塩」がそもそもの原因らしいことがわかった。

栄養塩とは炭素や窒素からできた成分で、プランクトンが発生するのに欠かせない要素だ。日本の沿岸には他の海域と比べてこの成分が多く、プランクトンの温床になっているらしい。プランクトンもそれを食べにきた魚もやがて死を迎えるが、死後分解でアンモニアに似た化学構造のトリメチルアミンという物質を発生させる。

一方日本の海藻はヨウ素化合物の分解物質の香りも放つ。海苔の場合はジメチルサルファイドという香り成分もある。そして海辺の地域に多い松林などの針葉樹の香りであるテルペンなども風に乗って混じり合う。つまり日本の磯の香りは、以上述べたようなさまざまな香り成分がすべて混合して生まれたものだということがわかった。

海藻の臭いだけだったら、磯臭いとは言わないのかもしれない。磯の香りと言うべきだろう。

プランクトンや魚の死後分解の匂いと混じり合った途端にあの磯臭さになってしまうようだ。

しかし、磯臭いといっても決して嫌な臭いではない。日本の海固有の臭いであり懐かしい臭いなのだ。言うならば、子供の頃田舎道で嗅いだ「野焼きの臭い」同様「故郷の臭い」なのだ。

海が磯臭くなくなったのは、やはり地球温暖化で海に異変が起きているからに違いない。栄養塩が減少しているのだろうか？ プランクトンが減っているのだろうか？ 海藻が減っているのだろうか？ 海藻が減っているとしたら、やはり海水温が上昇しているからだろうか？……いずれにせよ、地球温暖化が日本沿岸の海の生態系に異変を起こしているに違いない。

このように考えると、この海の臭い問題は昆布やワカメなどの減産問題と根っこは同じだ。

そして、解決策も「昆布の土居」の土居さんが仰っている「藻場の再生」と共通するはずだ。藻場を再生することで、日本の海を守らねばならない。

昆布やワカメを減産から守るためだけではない。日本の海に故郷の香りを取り戻すためにも。

後継者に求められる条件

2022年
12/26
Diary

先日某友人から、「後継者に求められる条件とは何か?」という質問を受けた。僕がここ数回の日記で後継者問題を語ってきたので、僕の意見を求められたものと思う。

突然の質問に驚いたが、若手経営者と思っていた僕の友人たちもすでにいい歳になり、後継者に悩む時期を迎えたことに改めて気がついた。ただその友人は後継者不在で悩んでいるのではないようだ。彼には後継者候補である立派なご子息に恵まれている。恐らく、ご息子を後継者に育てるには今後どんな教育をしたらいいのか? あるいはどんなタイミングであれば事業承継してもいいのか? などと悩んでおられるものと推測する。

これはきっと、多くの「いい歳になった経営者たち」に共通した悩みに違いない。

後継者候補の育成も重要だが、まず自分自身はいつ経営から身を引くべきか? についても考えておくべきではないだろうか。その上で、事業承継プログラムを立て計画的に進めるべきだろう。そうは言っても環境変化が激しい現在、それ自体が難しい課題なのかもしれない。

世襲というと、日本では昔から「家督は長男が継ぐもの」と考えられてきた。しかし大河ドラマ「鎌倉殿の13人」を観てわかるように、戦国時代は家督承継するのが必ずしも長男とは限らなかった。最も優秀かつ人望のある子供に家を継がせた例や、正妻ではなく名家出身である側室の子供に継がせた例が多い。それが自分の国や家を護るための必要手段だったのだ。だからお家騒動が頻発した。戦国時代に起きた内紛や戦争の原因の多くが国や家の承継問題だったようだ。例えば、僕の大好きな上杉謙信は後継者を決めないまま亡くなってしまったため、死後に承継の内紛（景勝 VS 景虎）が起こり、せっかく拡大した領土を消失してしまった。軍神と呼ばれた謙信も国の統治能力においてはイマイチだったかもしれない。

長男の承継が慣例となったのは江戸時代からである。日本を統一した徳川家康が、承継問題によって起きる内紛問題をなくす目的で慣例とした。そして歴代の徳川家もこの慣例を守った。

第九代将軍の家重などは、吉宗の長男で生まれたから将軍になれた。子供を作ること以外には能がないと悪評された男（小便公方とあだ名）でも将軍になれたのだ。

家康という人物は、戦争や紛争を防ぐために長男承継をシステム化した優れた政治家だった。

現在においても、家や会社を承継するのは長男が一般的である。会社がオーナー企業であれば経営者の長男が会社承継するのが通常だろう。しかし上場企業の場合は、役員と株主の承認が必要になる。経営者が会社の大株主である場合を除いて、原則経営者一存では決められない。一方、大企業で大株主の経営者であっても、大企業だからこそ自分の子供には承継させないと断言されている人もいる。親族か、従業員か、株主か、誰に重点を置くかによるだろう。

経営者世襲云々ではなく「社員の息子は入社させない」ことをルール化している会社もある。実はかつての伊藤忠商事がそうだった。ルールの理由はよくわからない。また当時の伊藤忠は夫婦が共働きすることも禁止していたようだ。いや、それはルールではなく慣習だったのかもしれない。社内結婚したら奥さんは退社するのが常だった。僕とワイフは社内結婚なのだが、結婚する際に仲間から「奥さんではなくお前が辞めろよな」と揶揄《やゆ》された所以だ。

キッコーマンの例もある。キッコーマンでは「8家ある創業家からは各家1名しか雇用しない」という採用ルールがあると堀切さんから聞いた。ちなみに、堀切さん自身は万上味醂創業家のご出身だ。これはキッコーマン独自の経営ガバナンスであり、無駄に後継者問題を起こさないようにするための知恵だろう。

冒頭に述べた友人の質問に対する僕の答えであるが、難しいことを話したわけではない。僕が昔からいつも後輩たちに言ってきたことを答えとさせてもらった。5つに要約すると、

(1) 経営者に必要な素質はバランス感覚である。

(2)とりわけ「理」と「情」のバランスが重要である。
(3)「理」があっても「情」がない経営者は人望が期待できない。
(4)「情」があっても「理」がない経営者は、いつか情に流され事業に失敗するかもしれない。
(5)「理」の上に「情」を乗せるべきで、逆はない。「情」が土台ではバランスが崩れやすい。

もちろん経営者に求められる素質はこれだけではないが、少なくともこのバランス感覚だけは望みたい。どうやって学ばせたらいいのか？「理」はひたすら読書、「情」はできるだけ多くの人との邂逅と交流、ではないだろうか。若ければたくさん恋して失恋したほうがいい。恋は自分磨きの大きなモチベーションになる。失恋経験がなければ詩人になれないというが如く、失恋は人の情感を育む。人は悲しみや痛みを自分自身が味わうことで、他人の悲しみや痛みを思いやることができる（和尚さんの講話みたい？）。

追記：
以前、僕が別の友人のご子息と面談した際に、先輩ぶって偉そうに言ったことがある。「初めての客先を訪問した際など、後日ハガキでいいから面談の礼状を出すといいよ」「そうすると相手に君のことを強く印象付けられる。いわば差別化戦略だな」と。隣にいたワイフがつかさず、「今どきハガキ？時代錯誤じゃない？お礼ならメールだわよ」と口出ししてきた。「ムムッ！メールでもいいぞ。」と補足しておいた。
その当日の夜、早速彼から面談のお礼メールが届いた。とても素直なご子息だった。

女性が日本経済を救う

2023年
1/9
Diary

先月だったと思う。日経の朝刊を読んでいたら、知っている女性の写真が載っていて驚いた。目谷東久子さんという、僕が伊藤忠時代に食品流通部門の部下だった女性だ。たしか輸入商品や新商品の開発を担当していた。日本アクセスとも一緒に仕事をしていたので、覚えている友人も多いだろう。

伊藤忠商事が第71回日経広告賞の商社・エネルギー公共部門最優秀賞をもらったらしく、その記事に彼女の写真が載っていたのだ。「未来を試着しよう」というコピーのファッション広告で、彼女の肩書きには「Corporate Brand In Initiative Manager」とあり二度驚いた。いったい彼女はいつ繊維部門に移ったのだろう? 記事として彼女のコメントも載っていたが、入社以来繊維部門で育って成長してきた、まるで繊維のプロのような語り口だった。

彼女は僕の知らない間に素晴らしい蛻変を成し遂げていたようだ。自然と顔がほころぶ。

今後は彼女のような女性の活躍が、日本の経済成長を支えていくに違いない。

反面、女性の活躍に比して日本は人口減少問題に直面しているようだ。政府の統計では2022年の出生率は初めて80万人を下回り、過去最少となる公算が大きいらしい。たしか毎年の死者数は平均120万人ほどだから、今後急ピッチで人口減少と高齢化が進むことだろう。人口減少は間違いなく経済成長を鈍化させ、低下させる。

現状のままでは、女性の社会進出が進めば進むほど出生率は低下するものと懸念される。しかし、現在先進国では女性の権利向上が高出生率につながっているようなのだ。逆に言えば男女が不平等な国ほど出生率が低いそうだ。出生率を回復させ人口減少を食い止めるには、家庭と職場の両方で男女平等を実現する必要があるということだろう。つまりは、男性が育児や家事を担うべき時代になったということで、男性は覚悟せねばならない。

僕は、家事は苦手だが育児は好きだ。自分で言うのはおかしいけれど、一人娘を授かってからは心を入れ替え一生懸命子育てに向かい合ってきたつもりだ。泣いたらミルクをあげ、おむつを替え、休日はお風呂にも入れた。娘が2〜3歳の頃、僕が会社から帰宅するのは毎晩遅く夜中だったから当然彼女は寝ていた。寝顔を見るだけでは我慢できないから無理矢理起こして一緒に遊んだ。娘が睡眠不足にならないよう、彼女の昼寝時間はできるだけ長くしてもらっていた。よく考えたらこれは育児や子育てと呼べるようなものではなく、単に自分が娘と遊びたかっただけなのかもしれない。しかし、パパの存在感は示せたと思っている。

娘の12歳の誕生日に彼女のために歌を作った。「父より」というテーマで、結婚する一人娘を送り出す父の心情を歌った。これは自分の本音とは真逆の意味を込めていた。「一人娘だから絶対に他の男にはやらない」と心に決めていたものの、一人娘を嫁に出す父親の悲しくて辛い心情を想像して作ったのだ。この歌を作ってすぐ、自分で歌ってワイフに聞いてもらったが、二人で大泣きしたことを覚えている。娘はまだ12歳だというのに、夫婦揃って親バカなのだ。

「父より」は「娘を結婚させない」ことを夫婦で誓い合うための歌だった。

またその目的のために、娘を「男嫌い」に育てようと僕なりに一生懸命に頑張った。例えば、娘に鼻クソをつけたり目の前でオナラをしたりして、嫌がらせばかりした。男がいかに下品な動物であるかを知らしめるため（？）であった。しかし、結局この目論みは失敗に終わった。

娘は大きくなって「男嫌い」ではなく、「パパ嫌い」に育っただけだった。

そんな娘も結婚してから蛻変したと言えるかもしれない。結婚を機にして卒業以来勤めていた食品企業を退社し専業主婦になったが、数年後に社会に復帰した。しかも彼女には知見がないはずのＩＴ企業に再就職したのだ。それまで彼女は食品の仕事に必要だからと言って、「食生活アドバイザー」や「利き酒師」の資格を取得していたのに、食品とは無関係の仕事を選んだ。

一体、彼女がいつＩＴの勉強をしたのか知らないが、彼女なりにリスキリングをしたのだろう。しかし経験を活かせずもったいないし、我が娘が食品業界から離れたこと自体が寂しかった。実は今でも「辞めて食品業界の仕事をしなよ」と言っているが、娘は僕の要望に耳を貸そうとしない。パパ嫌いだからではないと信じているのだが（今では娘に下品なマネはしていない、念のため）。

娘は日本に不足していると言われるＩＴ人材として育ち、デジタル社会で役立つようになるかもしれない。冒頭で紹介した目黒さんは、女性としてのブランドセンスを武器にして素晴らしい活躍をしているようだ。僕の身近にいる２人の女性の活躍は、ほんの一例にすぎないだろう。日本社会に潜在する女性の経済活動能力は、まだまだ計りしれないものがあるはずだ。

また近い将来、税制改革によってパート勤務女性の労働時間抑制問題が解消され、フルタイム勤務の女性が増大することが期待される。つまり、女性が能力を十分に発揮できる環境整備が進むのだ。そうして女性の潜在能力が顕在化していけば、人手不足問題と低生産性問題という日本の２大問題が解決されるかもしれない。

やはりこれからは、女性の活躍が日本経済の成長を支えていくことに間違いはなさそうだ。

追記：

「父より」

作詞・作曲　滝椎戸寒／編曲　都志見隆

❶一人娘だから大切に育ててきた　お茶目な気取り屋さんがいつの日か大人になって
君はついに飛び立つ自分の翼広げ　今の私にできることは幸せ祈るだけ
二人寄り添って前を見て歩いてほしい　時には風が吹く雨も降るそれが人生
幸せになるんだよ　君を愛しているよ

❷一人娘だから嫁ぐ日が来るなんて　考えたくはなかった一番恐れていたこと
私と母さんには見つめる勇気がなく、君の小さい頃の思い出を繰り返すばかり
愛とは信じ合うこと　幸せは憧れじゃなく二人で見つけ出すもの
疲れたらお休みよ　あせっちゃいけないよ

❸一人娘だからわがままも許してきた　そしてこれが最後に許す君のわがまま
自分で決めた道なら後戻りできないこと　わかっているよね、もう子供じゃないんだ
いつも旅立ちは喜びと別離の寂しさ　見送るものたちの心に残していくよ
テーブルにも君の写真　一枚飾ろうね
幸せになるんだよ　君を愛しているよ、　幸せになるんだよ　君を愛しているよ

余談ながら、かつて都志見隆さんという有名な作曲家（郷ひろみや田原俊彦などへ楽曲提供）に某音楽関連の会を通じて邂逅した際、彼にこの歌を披露したら高く評価してくれた。彼は自主的に編曲をしてくれた上に、自ら演奏して唄いさらにはCDに吹き込んでくれた。

数年後、娘の結婚式の披露宴でそのCDが流れた。娘夫婦が司会者と相談して決めたという。

「父より」のメッセージ歌が流れている間、パパ嫌いのはずの新婦の目には涙が溢れ続けた。会場の娘の友人達をはじめ多くの出席者も涙していた。

しかし一番大泣きしたのは新婦の父である僕だった。「みっともない。しっかりしなさいよ」と横からつつくワイフの目にも涙が溢れていた。

僕は「親バカで何が悪い！」と言ってまた涙した。

安さは正義か？

2023年
1/16
Diary

昨年の年末押し迫った28日付け日本食糧新聞の一面に、「勇気持ち値上げを」との見出しで、カルビーの伊藤社長（来期に社長交代されるらしい）の経営方針発言要旨が載っていた。「価格競争から価値共創へ」との副題もついていたが、今後カルビーが業界の先頭に立って、コスト上昇に見合う値上げを実行していくという宣言だ。この発言を「業界トップシェア企業だから言えること」とやっかみ半分で批判する意見があるかもしれないが、トップシェア企業だからこその責任を背負った発言と理解すべきだろう。

そうなのだ。食品メーカー各社は、値上げを我慢していてはもう生き残れない状況に来ていることをしっかりと認識するべきではないか。多くのマスコミ報道は食品値上げを消費者視点で捉えているが、食品業界に対する批判的な記事は一切ない。これまでだったら「便乗値上げ」という言葉が紙面のどこかしらに見られたものだが、今では全く見られない。

これはつまり、消費者視点でも食品メーカーが値上げするのはやむを得ない状況にあることを認めているからだろう。

そもそも良い原料を使い手間暇かけて作っている良い商品は、適正な価格で売られて然るべきなのだ。しかし、これまでの日本の市場ではそのことが軽んじられてきた。「安さは正義」と頑なに信じられていた気がする。

また原材料コストが上昇しても多くの企業は価格転嫁に後ろ向きだった。まるで痩せ我慢大会のような状態が続いていた。無理な価格設定の背景では、誰かが必ず犠牲になっているのに。

2016年のちょっと古い調査だが、全国1000社の中小企業を対象にして「貴社の競争力は価格か非価格か？」というアンケート質問をしたそうだ。結果、価格が競争力と答えた企業は81％で、非価格と答えた企業は19％だったらしい。

やはり価格競争型を自認している企業の方が圧倒的に多かった。

このような価格競争型企業は1円でも費用を抑えるため、人件費は格好の生贄となる。それで従業員の給料が上がるはずがない。そして無理した安い価格設定をしても売れないとなると、経営者は更なる安さを求めるという思考に陥り、努力すればするほど苦しさが増す。

このような状態で従業員が満足に働けるはずがないだろう。

誰かの犠牲の上に成り立つ経営は欺瞞であり、たとえ経営者に自信があったとしても長続きはしない。価格競争型企業は、非価格競争力を高める経営に転換しなければ生き残っていけないことは明らかなのだ。

例えばセブンが最近発表した9～11月の決算が好事例を示している。純利益が44％増加したようだが、主要因は「金のハンバーグ」など金シリーズのプレミアムなPB商品がよく売れたからとしている。安価なPBではなく高価格帯のPB商品がよく売れたから増益となったのだ。まさにセブンが非価格競争力を強化してきた結果での増益だろう。


非価格競争力を高めるには、2つの方法があるといわれている。

一つはハードの非価格であり、世の中にない新商品を開発することだ。他社がマネできない、あるいはマネがしにくい商品ならばなおさら良い。

もう一つはソフトの非価格だ。「品質が良い」「企業イメージが良い」「不良品を出さない」「信頼できる安全管理体制」「環境にやさしい」「頼れる営業」などのソフト面に優れていることである。

これら一つ一つは小さくても積み重ねれば競合他社と大差を生むことになる。

そしてハードの新商品開発に比べて、企業の創意工夫次第でいくらでも実現可能性がある。

今後はしっかりとした経営戦略のもとで、低価格路線から脱却して値上げに踏み切る企業と、それができない企業の二極化が進み、いい意味で企業の新陳代謝が進むかもしれない。

これは食品メーカーに限らず、小売にも卸にも同じことが言えるはずだ。

安さは今や正義ではない。

追記：

「安物買いの銭失い」と言う諺《ことわざ》があるが、最近自分でも実感している。

例えば最近の僕はネットショップ上でカメラ関連グッズを見て楽しんでいるが「こりゃお得だなあ」と思った商品を衝動買いしてしまうケースがよくある。しかし、そのほとんどの商品が実際に手元に届いて使ってみると、貧弱だったり直ぐに飽きてしまったりして使わなくなる。

安いレンズをこれまで何回も短期間で買い替えている。素人のくせして「描写力が良くない」とか「やはり良い写真を撮るには高級レンズだ」とかの屁理屈を並べて買い替えている。

安いと言ってもレンズは高い。レンズの下取り価格は新品のおよそ半額だから大損している。

買い替える時には必ずワイフがカメラ屋に同行してくる。僕は常に監視されているのだ。

レンズを買いレジで精算している際、ワイフの冷たい視線を背中にヒシヒシと感じている。

「高級レンズは中古でも高く売れるから資産価値が高いんだよ」と説明しながら、ワイフには「つまりこれは相続税対策で君のためなんだ」と言って誤魔化すようにしている。

後継者問題とM＆A

2023年
2/1
Diary

中小企業庁によると2025年には70歳以上の経営者が245万人まで増加し、約半分の127万人が後継者不在となる問題から倒産、廃業の危機に直面するらしい。そしてもし、127万社の中小企業が廃業したとすると、日本全体で650万人の雇用と22兆円のGDPが失われると予測している。

むろん、そんな事態になることは100％あり得ない。一体どんなアンケート調査をしたのか知らないが、「後継者がいない」と答えた経営者の中には「自分の一族に後継者がいない」という意味で答えた人が多いだろう。であれば、内部から抜てきするか外部からリクルートすれば解決できる話だ。また昔とは違って今は人生100年といわれる時代だ。たとえ70歳を超えても、後継者が見つかるまで経営を継続すればいい（現在、70歳の就業率は40％超らしい）。

とはいえ、後継者不在問題は日本の中小企業にとって「成長の限界」や「過剰債務」などと並ぶ重要な経営問題であることには違いない。この問題を解決する方法の一つにM＆Aがある。もし後継者が見つからなければ、M＆Aという手段によって会社を存続させればいいのだ。

Ｍ＆Ａといえば、日本食糧新聞で最近連載中の渡邉智博さん（日本Ｍ＆Ａセンター食品業界専門グループシニアチーフ）が執筆されている「食文化つなぐＭ＆Ａ」というコラムが大変参考になる。もしかすると、忙しい友人たちは読み飛ばしてはいないだろうか？　Ｍ＆Ａは決して人ごとではないはずだ。目を通した方が良い。

渡邉さんは「Ｍ＆Ａは大企業の経営課題であり中小企業には関係ないという考えは間違いだ」と言っている。なぜならば、４００万社超も存在するといわれる日本企業において、上場企業はわずか３８３９社ほどにすぎないからだ。日本企業の99％以上が中小企業なのだ。後継者不在に悩む１２７万人の経営者にとって、Ｍ＆Ａは自社の「生存戦略」と「成長戦略」を検討する上で考慮すべき必須の問題解決手段となるはずだ。

渡邉さんによると、現在日本の食品流通業界では3日に1件以上のＭ＆Ａが起きているそうだ。この10年間（２０１２～21年）における食品流通業界のＭ＆Ａ件数は、累計１２００件超であり、年間１２０件、月10件、よって3日に1件となる。

そのＭ＆Ａ件数のうちのかなりの件数が後継者不在問題の解決が目的だったようだ。先日日経が、オリックスによる健康食品大手のＤＨＣのＭ＆Ａを紹介していたのも、その一例である。

３０００億円もの巨額な規模のＭ＆Ａであり、後継者不在問題を抱えるのは、決して中小企業だけではないようだ。

渡邉さんのコラムでは後継者不在問題とは直接結びつかないが、成長戦略と生存戦略の両方を実現したM&A事例として、ナカガワという天かすトップメーカーの紹介があった。日本アクセスは同社と取引があるとは思うが、僕は同社のことを知らない。同社は昨年M&Aによってオタフクソースの傘下に入った。たしかに天かすはお好み焼きなど粉もんには必要な食材であり、M&Aによる経営統合のシナジー効果は容易に想像できる。

この資本提携と同時に公表された新ナカガワの人事組織を見ると、新任社長は中川さんとなり名誉顧問に父親と思われる中川さんが就任されている。つまりナカガワには後継者不在問題はなかったものと推測される。されどナカガワとしては、会社の経営を安定させさらに成長させていくために、オタフクソースの資本傘下に入ることを決断したのだろう。今度いつかオタフクの佐々木会長にお会いできる機会があれば、提携の背景を聞いてみたい。

このナカガワの事例のように中小企業がM&Aによって大手企業の傘下に入れば、営業管理や財務管理は親会社に任せることができるかもしれない。とりわけ財務面の不安は払拭できる。また提携契約の内容次第ではあるが、自社は生産事業に集中することで経営を存続できるし、経営者は自社の経営権を失うことなく一族に継承していくことができる。もしも一族に適切な後継者が見つからない場合は、親会社に相談すればよい。このようなM&Aは事業シナジーを生み出すのみならず、企業の生産性を向上させるはずだ。オタフクとナカガワの場合も、グループでとらえた生産性は間違いなく向上していると思う。

日本の多くの中小企業が後継者不在のために廃業あるいは倒産すれば、日本全体の企業数が減少して供給量が減少するかもしれない。その結果、需給バランスが改善してデフレからの脱却が実現するかもしれない。でもそれだけでは日本経済は復活しない。むしろ生産額が減少してマイナス成長になる可能性が大きい。だからこそ生産性の向上が不可欠なのだ。

日本経済の生産性を向上させるためには、やはり「Ｍ＆Ａによる企業集約」が必須だと思う。日本は欧米に比較して生産性の低い中小企業数が多すぎるのだから、生産性を向上するためには中小企業の数を減らすしかない。それも、淘汰ではなく集約によって減らすべきだ。

もちろん、ゾンビ企業を救済するようなＭ＆Ａや国による救済はあってはならない。生産性を悪化させるだけだ。ただゾンビ企業の中にも特殊な機能を有していたり、評価できるブランドやのれんを有したりする企業があるはずだ。そのような企業は淘汰させるのではなく、Ｍ＆Ａによって再生させることを考えたい。

いずれにせよ、Ｍ＆Ａには企業の洞察力が欠かせないのであって、日本Ｍ＆Ａセンターのような客観的な視点を提供してくれる仲介コンサル企業の重要性はますます高まってくると思う。

海藻乾物業界とグリーンウオッシュ

2023年 2/13 Diary

最近の報道で、グリーンウオッシュという言葉をよく目にする。グリーンウオッシュ（Greenwash）とはGreen（環境対策）とWhitewash（ごまかす）とを組み合わせた造語だそうだ。その意味は「企業などが実態を伴わないのにあたかも環境に配慮した取組みをしているように見せかけること」である。

最近のＥＳＧ投資拡大基調のなかで、グリーンウオッシュ企業への監視がますます厳しくなってきているようだ。虚偽が著しい企業には重い罰金が課せられるようになった。投資家や消費者が環境に配慮した企業や製品を評価するようになっていることが背景にある。

日本の食品流通産業界で、グリーンウオッシュを意図的に行っているような企業は少ないとは思う。食品企業がＥＳＧ投資からは少し遠い存在だからかもしれない。そのような監視の目が、日本ではまだ強化されていないこともあるかもしれない。ましてや非上場の食品企業の中にはグリーンウオッシュなんて無関係、と考えている企業も多いと思う。

しかし今後環境問題意識の高い消費者が増えていくことは間違いなく、食品企業の環境対策は上場、非上場に関係なく、また企業規模に関係なく、全ての企業にとって必須課題となる。

食品企業にとってグリーンウオッシュは近い将来、商品の虚偽表示問題と同じようなリスクを孕んでくるのではないだろうか。


僕は乾麺乾物企業のグリーンウオッシュ問題はさほど心配していない。乾麺乾物企業は真面目だからとか、信用しているからとかの理由ではない。環境問題で虚偽行為をする根拠が希薄と考えられるからだ。

僕が心配するのは、意図せずしてグリーンウオッシュ企業と見なされるリスクだ。自社では環境対策を経営目標に掲げているけど、実績が伴わないケースがあるかもしれない。しかしそれは時間の問題であって、「ごまかし」ではないはずだ。消費者にはそのことをよく理解してもらわねばならない。

最も心配するのは、海藻乾物メーカーが消費者から、「海藻乾物メーカーは藻場の再生とは言っているけど、海藻を収穫して商売している。つまり海藻を乱獲し藻場を荒らしている張本人ではないのか？」といった疑念を持たれることだ。そうすると、ブルーカーボンに取り組んだとしてもかえって藪蛇になりかねない。グリーンウオッシュ企業だと批判されかねない。

ゆえに大切になってくるのは、情報発信である。そして消費者教育である。消費者には、「藻場の再生とは海を再生することである。また単に海藻の生産量を増やすだけではなくて、生産量を増やしながら同時に消費量も増やすという、好循環を実現することである。」といった理解を深めさせねばならない。

海藻の消費はCO_2の排出につながる。しかし、一方で海藻の育成は間違いなくCO_2の貯蓄につながる。だからこそそのブルーカーボンだ。ただ海藻の中で冷凍網により養殖する海苔の場合は、海底に根がつかないことからCO_2の貯蓄には効果が出ない。賢い消費者にそのような指摘をされるかもしれない。たしかにそれは事実なのかもしれない。しかしながら、ブルーカーボンに参加している海苔企業がグリーンウオッシュ企業と批判されるいわれなどないはずだ。

なぜならば、海苔養殖がたとえCO_2貯蓄には貢献しなくとも「海洋生物の多様性保存」という目的や「藻場の再生」という目的においては、他の海藻養殖事業と何ら変わりはないからだ。

今後消費者は、環境問題意識をますます高めて関連知識を増やしていくことだろう。

自社の環境対策に対して、消費者からどんな疑問や疑念を投げかけられるかわからない。

企業各社は正しい答えを用意しておくことが必要になるし、自らが正しく情報発信をしていくことが必要となる。企業に対する社会的責任を求める声が強くなるのであれば、責任を果たすことはもちろん、実行内容を自らが社会に発信していく機能を充実していかねばならない。

従って以前に提言した通り、乾麺乾物企業には広報機能の充実も経営課題となるに違いない。

あるジョブホッパーの願い

2023年
2/20
Diary

「ステルス賃上げ」という言葉がある。

「ステルス値上げ」が商品価値を犠牲にして（内容量を減らすなどして）価格を上げないことであるのに対して、「ステルス賃上げ」とは賃上げがないから従業員が労働意欲を減少させ、提供している時間あたりの労働価値を意図的に減らすことだ。

つまり、経営者が賃上げを抑制すると会社の生産性が下がるリスクがあることを示す言葉だ。

恐らくこのリスクは、現在のように社会全体での賃上げ機運が高まっている時ほど高くなると思われる。このリスクは目には見えないし、実際に生産性が下がったとしても計量化することは難しい。

だから「仮に生産性が多少低下したとしても、賃上げによって利益が縮小するよりはましだ」と考える経営者がいるかもしれない。または「懸念はあるが大丈夫だろう」とリスクを真剣に考えない経営者がいるかもしれない。

たしかに、これまではそのような判断でも大きな問題がなく経営できた時代が続いてきた。

ただそれは、日本経済のデフレが長期にわたって続いてきたからに違いない。リスクが顕在化しなかったのは、デフレのお陰と言えるのかもしれない。そして、多くの日本企業が賃上げを抑制してきたことがデフレの大きな要因の一つになったことも、また事実だろう。

しかし、今や経済環境は大きく変わったと認識すべきだ。

デフレが終了したとはまだ言えないまでも、「経済成長にはインフレを上回る賃上げが必要」との社会的コンセンサスが生まれたようだし、ユニクロやイオンなど大幅な賃上げを表明する企業が続出してきている。今まで賃上げがなかった企業の従業員達は、今年こそはとの期待が大きく膨らんでいるはずだ。従って、もし賃上げできない場合の「ステルス賃上げ」リスクは従来よりはるかに大きく膨らむものと覚悟すべきだ。

加えて現在では、賃上げ抑制を続けた場合に「ステルス賃上げ」による生産性低下リスクよりもはるかに重大なリスク、経営の持続性に影響を与えるリスクが生じる可能性が出てきた。

それは「従業員の退職リスク」であり、最悪の場合は「人材不足による倒産リスク」だ。

そのリスクの背景には労働の流動性が急激に高くなってきたことがある。

今朝の日経で２０２２年の転職希望者は９６８万人、前年比＋15％（男性は＋20％）と報道されていたように、転職希望者も年々増えている。

一方で別の日には、東京商工リサーチが今年1月の企業倒産件数（法的整理＋私的整理）は570件だったと公表していた。前年同月比で＋26％と増えており、月間倒産件数はこれまで10カ月連続で前年同月を上回っているそうだ。最も多く倒産した業種が食品関連企業であり、飲食料製造業12件（2倍）、飲食小売業22件（＋88％）、飲食業51件（＋70％）で、合計85件（全体の15％）だったもよう。

やはり食品関連企業は他業界と比較して経営環境変化への耐性が弱いようだ。

別のニュースソースでは、1月の企業倒産件数のうち雇用不足が原因で倒産した件数は140件で「役員や従業員の退職」が原因で倒産した件数が60件あった、と報道していた。

先に示した倒産食品関連企業、合計85件の多くが雇用不足によるものだったと推測される。

このデータからも「人材不足による倒産リスク」が顕在化してきたことがわかるだろう。

だから賃上げが必要なのだ、ということはわかりきったことだが、やはり無い袖は振れない。

しかし「無い袖が振れるか！」と開き直っているだけでは経営者失格だろう。

経営者が考えるべき短期的な具体策としては、賃上げを優先して内部留保や配当を減らすか、それでも必要資金がショートする場合は借入金で賄うことなどが考えられる。

今の環境では、多少の無理をしてでも賃上げを実行せざるを得ないのではないだろうか。

むろん、同時に中長期の対策を忘れてはならない。

中長期の対策とは「付加価値の向上」であり「生産性向上」である。そもそも僕は、食品関連企業の労働分配率が低いとは決して考えていない。問題なのは分配率ではなく、分配の原資となる付加価値が低いことにあるはずだ。

だから食品関連企業は今まで以上に、プロダクトイノベーションとプロセスイノベーションの両方に真剣に取り組んでいかねばならないと思う。自社単独で難しい場合は、他社の褌《ふんどし》を借りてでも実現すべき、というのが僕の自論である「褌経営」だ。サプライチェーン全体最適は縦のみならず、横連携にも両手を広げるべき時代なのだ。ジャパン・インフォレックス（ＪＩＩ）が提供する商品マスター登録機能（食品メーカーと卸等の取引先の間に立って、膨大な商品台帳を一元管理して提供）の利用もその一環だ。

そしてもう一つ重要な長期対策がある。賃上げ対策よりもはるかに重要な対策かもしれない。

それは「従業員と会社のあり方を変えていくこと」だ。

僕がその意味をごちゃごちゃ説明するよりも、転職をテーマとした某座談会で、一人のジョブホッパー（数回の転職経験者）が発言した次の言葉が参考になると思うので紹介する。

「会社と従業員の出会いが〝お見合い〟から〝恋愛〟に変わって欲しいですね。」
「お見合いの門をくぐったら家の者だという関係だと、従業員は会社の所有物だと言う概念が生まれてしまいます。」
「むしろ会社と社員の関係が恋愛となれば、お互いが好きでいるために互いが努力する必要があります。」

どうだろうか？ 世の中は、お金が全てではないはずだ。

追記：
ジョブホッパーでグラスホッパーを思い出した。ジョブホッパーとは、バッタのように会社を跳ね歩く人という意味だろう。あまり好感が持てる表現ではない。バッタの種類には、いなごのように美味しく食べられるバッタもいるが、サバクトビバッタのように甚大な蝗害を引き起こす悪いバッタもいるからだ。
現在、企業にとって人的資本の重要性が問われている。とは言え、ジョブホッパーを採用する経営者はいつ何時自社を辞めるかわからないような社員に、投資までして教育することを躊躇するだろう。
以前伊藤忠で、会社の費用で海外留学させた社員が帰国後に退社してしまう問題があった。そのため「帰国後も数年間は退社しない」という誓約書を事前に書かせる制度にしたと思うが、その後どうなっただろうか？

たかが帳合、されど帳合

2023年
3/20
Diary

若い頃の僕は、当時の丹羽社長から「帳合の田中」と呼ばれていた。丹羽さんは伊藤忠の食料カンパニー出身とはいえ原料畑が長く、帳合ビジネスを理解されていなかったので、僕が業務部長時代の丹羽さんに帳合ビジネスの講義をしたことがあったのだ。それ以来、僕は丹羽さんにそう呼ばれていた。「帳合のことなら田中に聞け！」とも。

食料カンパニーで原料商売をしている部門の連中や、他カンパニーの連中には帳合ビジネスを軽蔑するけしからん輩が多勢いた。だから僕は、経営の中枢にいる丹羽さんの理解を得ておく必要性を強く感じていたのだ。

僕が丹羽さんに申し上げたのは、「帳合ビジネスは使用する資産の大きさに対して利益率が低いため、ＲＯＡの足を引っ張ることはたしかに否定できない」「しかし一方、リスクが低く経費もかからないので、商社にとって帳合ビジネスほど効率の良いビジネスは他にない」というような内容であり、胸を張って講義した。そして講義の締めに放った言葉が、「丹羽さん、たかが帳合、されど帳合！　なのです」「帳合ビジネスは拡大するべきなのです」だった。

丹羽さんはきっと僕のことを生意気な若造だと思ったに違いない。だって当時の僕はまだ課長代行に過ぎなかったからだ。以来僕は社内では「帳合の田中」となった。

以上はただそれだけのことだが、しかし僕の丹羽さんへの帳合講義が会社に貢献した可能性もあったと自負している。それは１９８８年に伊藤忠がＦＭを買収した時のこと。

当時の伊藤忠は４０００億円もの、当時としては我が国最大の巨額損失を計上して経営破綻の噂さえあったにもかかわらず、丹羽社長は周囲の反対を押し切ってＦＭを買収した。丹羽社長は商社のビジネスモデルを転換するにはＦＭ買収が絶好のチャンスと考えたに違いない。伊藤忠の価値観をプロダクトインからマーケットインへとパラダイム転換することを目的としていたに違いなかった。

その際、同時に丹羽さんの頭の中には買収根拠の一つとして、食品ビジネスの拡大すなわち、「伊藤忠の帳合商権拡大」という期待があったと思うのだ。また帳合メーカー数が増えれば、各社への原料納入のチャンスも広がるはずと。

僕のその思いは、ＦＭを買収した後しばらくして開催された「丹羽社長を囲む若手社員会」の交流会の場で確信に変わった。

丹羽さんから「ＦＭの買収は伊藤忠にとってプラスだったか、マイナスだったか？ 社員諸君の意見を聞きたい」という要請があり、出席した社員が順に自分なりの考えを述べた。僕の番になった時に僕は、「食品メーカーの伊藤忠に対する期待が大きくなり、業界の求心力が格段に強化されました」と答えたのだ。すると丹羽さんはニヤリと笑い、我が意を得たように頷いただけだった。同時に僕も丹羽さんのその無言の反応に我が意を得たのだった。

僕が部門長に昇格した初年度のカンパニー総会で、各部門長による方針発表が求められた。僕が発表した食品流通部門の経営方針は「帳合ビジネス」を基軸に置いたものだった。ただ、帳合商権を拡大することだけを目標に掲げたのではない。帳合を軸としてわかりやすく、①核帳合、②発帳合、③脱帳合の３つの領域を開発することで成長すると発表したのだ。それぞれを簡単に説明すれば、

①核帳合……帳合取引を拡大することが部門ビジネスの基本である
②発帳合……帳合メーカーとの原料取引や他カンパニーとの仲介取引を拡大する
③脱帳合……流通の全体最適化を図り、物流やシステムなど全流通関連市場を開発する

自分ではわかりやすく説明したはずだったが、当時のプレジデントからは「よくわからん」

と言われた。上司に方針を詳細にわかってもらう必要はないと思ったが、食品流通部門にとって帳合がいかに大切であるかさえ理解してもらえばよかった。というのは、歴代の食料カンパニープレジデントは食糧部門（原料部隊）の出身者ばかりで、帳合ビジネスを理解していなかったからだ。口幅ったいが、食品流通部門出身でプレジデントになったのは僕が初めてだった。

僕が優秀だったからではない。マーケットインへの事業パラダイム転換の必然だった。とにかく僕はカンパニー総会の場を利用して、プレジデントやカンパニー全社員に帳合の価値を誇示したかった。そして食品流通部門の仲間達を鼓舞したかったのだ。

「たかが帳合、されど帳合」なんだと。

追記：

残念だけど、「帳合」は今では死語になってしまったか？

2023年
4/3
Diary

アグリフレーションより心配なフードクライシス

朝のＴＶ経済番組で「ポリクライシス」という言葉を知った。日本語では「複合的経済危機」と訳すようだ。

具体的には、①コロナ感染、②ウクライナ戦争、③気候変動、④金融引き締め、⑤インフレ、⑥米中対立など、世界にはさまざまな危機が、同時かつ複合的に沸き起こっていることを意味する言葉だ。いわれてみれば、世界経済にとって実に多くのリスクが出揃った。

そして最近知ったもう一つの言葉に「アグリフレーション」がある。これは食料価格の高騰を意味する言葉なのだが、僕としては経済の危機よりもこっちの方が心配である。そして、食料価格の高騰では収まらず「フードクライシス＝食料危機」を引き起こす可能性が最も心配だ。食料が高騰するより、人の生命に関わる食料危機の方がはるかに問題のはずだ。

経済が悪化するだけなら少し我慢すればいい。食料価格が高騰するなら他への消費を控えればいい。しかし食料が不足するようなことになれば、飢餓がより深刻なレベルで拡大する。

人類にとって飢餓問題は、経済問題や政治問題、あるいは領土問題などとは比べものにならない重要な問題のはずだ。人類が万難を排して回避すべき最も悲惨な問題と言ってもいい。だから人類は、フードクライシスを引き起こすリスクの解消に全力を尽くさねばならない。

では、冒頭に述べた経済危機を意味する「ポリクライシス」ではなく、最近食料の生産供給を脅かしている「フードクライシス」のリスクファクターにはどんなものがあるのか、列挙してみよう。①気温上昇、②新興国の爆食、③ウクライナ危機、④家畜の伝染病、⑤欧州・北米での干ばつと森林火災、⑥中国南部での洪水、⑦サバクトビバッタによる蝗《こう》害、⑧食料輸出の禁止などが挙げられると思う。

これらのリスクを解消することは簡単ではない。しかし、人類が引き起こしているリスクなら解消することは不可能でないはずだ。これらリスクファクターを「自然災害リスク」と「人的災害リスク」に分けるとすれば、上記中の③や⑧などの人的災害リスクは、意志さえあれば早期に解消できるはずだ。①の気温上昇をはじめ④⑤⑥⑦のような自然災害リスクも人類の経済活動が起因しているのであれば、人的災害リスクといえるかもしれない。

であるならば、時間はかかったとしても人類が意志を持って適切な努力さえすれば、リスクを解消する、あるいは極少化することは決して不可能ではないはずだ。

しかし、もう一つ目に見えない厄介な人的災害リスクが存在する。

グローバル企業による農業ビジネスが支配するようになった「食のシステム」のことだ。

これは格差問題と同様、資本主義経済が世界の農業にもたらした歪みと言えるだろう。

この「食のシステム」による人的災害リスクについては、堤 未果さんというジャーナリストが最近著した『ルポ 食が壊れる』というベストセラー本を読むと理解しやすい。

以下に彼女の本から関連文章を抜き出してみよう。

・２００７年から08年に起きた世界食料価格危機には、穀物価格が高騰し、わずか２年で飢餓人口を１億人増やしたといわれている。
・当時のマスコミのヘッドラインには「干ばつ」「政情不安」「中産階級の増大」「肉食人口増」などの文字が次々に流れていたが、実はあの年のＦＡＯのデータでは、世界の穀物生産量は史上最高値を記録していた。
・利益のために過剰生産された食料は、余ってもそれを必要としている人のもとにはいかず、エタノール燃料としてガソリンスタンドで売られたり、家畜の餌として日本をはじめとする先進国に輸出されたりした。
・この仕組みをさらに拡大すべく、国際的な農産物貿易自由化が進められ、途上国を一握りの先進国に依存させる市場構造が強化されていった。

・2019年に世界で捨てられた食品9億tのうち、6割は家庭、2割強は飲食店、残りは小売店からという国連のデータが意味する、この歪んだ構造が見えるだろうか。

以上からだけでも、現在の「食のシステム」が食料危機を引き起こす重要なリスクファクターだということがわかるだろう。そしてこのリスクファクターは、世界の農業生産システムのみならずあらゆる人類の経済活動や消費活動と密接につながっている。

従ってこのリスクを解消するためには、人類が現在の「食のシステム」だけではなく経済全体のシステムを見直す必要があるだろう。我々が慣れ親しんだ経済社会パラダイムを、根本的に改革することが必要になるのだ。

経済全体のシステムを見直すためには、「新しい資本主義」などという対症療法的な生易しい改善ではなく、従来の資本主義の価値観そのものを、いわゆる「脱成長」「コモンズ」という価値観へ転換した上で、抜本的な改革を目指すことが必要になるかもしれない。

それは『人新世の「資本論」』の著者でマルクス経済学者の斎藤幸平さんの主張と一致する。

僕は今になってなぜ、マルクスの資本論が見直されているのかがわかったような気がする。

しかし、これはとてつもない難題だ。第一、経済全体のシステムを見直すためには多大な犠牲を強いられることが避けられない。それでも食料が不足して餓死するよりはマシであり、人類が生存するために必要であれば仕方がない。多大な犠牲を覚悟してでも取組むべきだろう。覚悟することは人類の「責任」というよりは、人類に課せられた「Ｂｕｒｄｅｎ（重い負荷）」なのかもしれない。人類が将来の子孫のために背負わねばならない十字架なのかもしれない。

そうであるならば人類が十字架を背負えなくなる前に、手遅れになる前に急いで背負う覚悟をせねばなるまい。

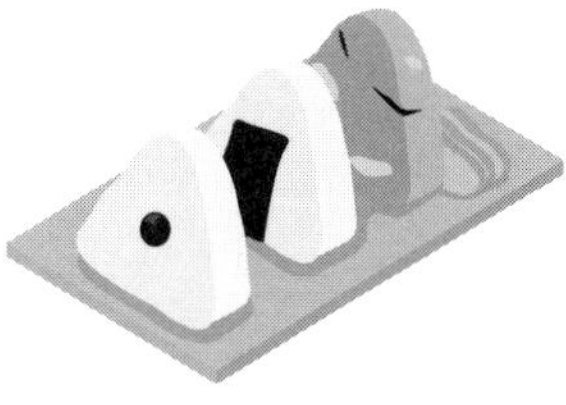

第2部

褌《ふんどし》経営のススメ

⑴ 他人の褌をうまく利用しろ

⑵ 自分の褌をしっかり締め直せ

講演概要　第389回　食品経営者フォーラム
「コロナ禍の食品産業の変化と食文化～期待高まる乾物乾麺の新魅力～」
講師：伊藤忠商事㈱ 理事／㈱日本アクセス 元 社長　田中茂治
㈱日本アクセス 代表取締役副社長／アクセス乾物乾麺市場開発研究会 会長　西村　武
日時：2021年11月16日　会場：ニューオータニ東京　主催：日本食糧新聞社

皆様、お久しぶりです。元日本アクセスの田中です。

本日はお忙しいなか、大勢の方にご参席賜りありがとうございます。ほとんどの方は僕のことをご存じだとは思いますが、初めてお会いする方々もおられますので、まず、簡単に自己紹介をさせていただきたいと思います。

僕は伊藤忠商事の出身で、2009年に日本アクセスの社長に就任し、7年間を社長、そしてその後2年間を会長、さらに、会長退任後の1年間を相談役として勤めました。

2019年に日本アクセスを完全リタイアして普通の爺さんになったわけです

が、現在、肩書きは伊藤忠商事の理事となっています。これは伊藤忠商事の役員経験者をリタイアした後に理事として処遇してくれる、伊藤忠商事の制度があるためです。

余談になりますが、この理事、あるいは顧問という名称で退任後の役員を処遇する制度は、企業ガバナンス上問題ありとされているようですから、近い将来は消滅していくかもしれません（正直言って、個人的にはありがたい制度ですが）。

さて、本日の僕の役回りは、西村さんの講演の前座役として登場しているわけですが、その前に、この場をお借りして皆様に個人的なお礼を述べさせていただきたいと思います。僕は２０１９年に完全リタイアして以来、今日にいたるまで、皆様に直接お礼を述べる機会がなかったため、ずっと心苦しく思っていた次第です。

改めまして、僕、田中が伊藤忠時代そして日本アクセス時代を通じて業界の皆様方にたいへんお世話になったことを心より厚く御礼申し上げます。

併せて、平素より日本アクセスが皆様から多大なるご支援、ご高配を賜っておりますことにつきましても、日本アクセスＯＢの一人として深く感謝申し上げます。

さらに、本日参席いただいているＡＫ研、すなわち日本アクセス乾麺乾物市場開発研究会の多くの会員企業皆様のご協力のおかげで、毎年ＡＫ研の活動が活性化し、日本アクセスの成長はもちろん、乾麺乾物業界の発展にも多大な貢献をしていただいていることに対し、ＡＫ研創始者の一人として心からの敬意と感謝の意を表したいと思います。

皆様本当にいつもありがとうございます。

さて、このフォーラムを主催する日本食糧新聞社さんから僕には、単に挨拶に留まらず、講演の前座役として2～30分ほど話をしてほしい、とのご依頼がありました。

そこで、このフォーラムのメインテーマや副題にある乾麺乾物に関するお話は本日の主役である西村さんにお任せするとして、僕としては、本日若い経営者や経営者候補の方々が大勢参席されていることもあり、僕自身の経営者としての経験談を踏まえたメッセージを皆様にお伝えできれば、と思います。

先輩経営者としての僕の拙い経験談が、これからの食品業界の成長発展を担う若い経営者の皆様にとって、少しでも参考になれば幸いです。

挨拶はそれぐらいにして、本題に入っていきたいと思います。

僕が社長に就任した初年度、２０１０年3月度決算時の日本アクセス売上げは約1兆4千億円、経常利益は約１４０億円レベルの業績でした。そして、社長最終年度である16年3月度決算では、売上げが2兆円を超え、経常利益も２００億円を超えて成長させることができました。

また、食品卸業界では利益額№１企業となり、毎年利益№１ポジションを維持できる企業に成長させることもできました。

余談ですが、今年度から売上会計基準が変更されると聞いていますので、ひょっとすると、今年度の日本アクセスは利益のみならず、売上でも業界№１の企業になるのかもしれません。やはり、どの業界においても、業界№１のステータスは企業にとって大きな価値があると思いますので、嬉しいかぎりです。

もちろんこのような成長ができたのは、素晴らしい社員たちやお客様、そして、お取り引き様に恵まれたおかげですが、ただ、僕自身もこの間の経営のリーダーとして日本アクセスの成長に少しは貢献できたものと自負している次第です。

では、一体どんな根拠があって自負できると言えるのか？　あるいはどんな哲学をもって経営をしてきたのか？　などについてお話をさせてください。　自慢話に聞こえるかもしれませんが、実際に自慢話になるのでしょうね。

まあ、経営哲学なんて偉そうに言っても、僕は経営学者でもカリスマ経営者でもなく、単なる一人の経営実務者にすぎません。したがって、理屈っぽい自論を述べるのではなく、実際に僕が実行してきた日本アクセスにおける経営の事例をもって具体的にお話ししたいと思います。

「褌経営のススメ」について

社長当時の僕が経営哲学らしきものをもっていたとすれば、それはこのテーマに掲げた「褌経営」と言えるものかもしれません。褌とは、あまり上品な表現ではありませんが、下品な僕にはぴったりの表現だと思います。

しかし、皆様に伝えたいことは、下品な話でも難しい話でもありません。結論から先に言いますと、「社内外にイノベーション（革新）を起こすには、他人の褌をうまく利用することが有効である」ということであり、同時に、自社がそのイノベーションにちゃんと適応するためには、「自分の褌をしっかり締め直し、リノベーション（自社の改造）をしておかねばならない」ということをお伝えしたいのです。

他人の褌をうまく利用しろ～他人の褌で伝えたいこと～

最初にある「他人の褌をうまく利用しろ」とは、伝えたいことの①にある通り「これからは組んで闘う時代」であると、僕が信じていることに根拠があります。

成長に必要な機能だけどその機能が自社にはない場合、その機能を新たに自前で投資して時間をかけて構築するよりは、その機能をすでに保有している他社とパートナーシップを組み、ともに成長することを考えるべきだ、と言いたいのです。また、時間も貴重な経営資源だということを忘れてはなりません。「適切な戦略パートナーの選択」と「戦略実現のスピード」こそが、自社に競争優位なポジションを与えてくれるものと思います。

②番目の「M＆A＝買収ではない」の意味は、M＆Aは業界の再編手段ではなく、企業にとっては成長戦略の有効な手段であるということです。

買収には食うか食われるか、といった弱肉強食のような刺激的なイメージがありますが、M＆Aの意味は決してそれだけではないということです。

M＆AのAは確かにAcquisition＝買収という意味ですが、Alliance＝提携という意味もあると思います。また、M＆AのMはMerge＝統合という意味ですから、M＆Aは、一緒になって闘うという意味であることを強調したいのです。

1　他人の褌をうまく利用しろ

伝えたいこと

❶これからは組んで闘う時代。
パートナー次第で競争優位ポジション。
❷M&A＝買収だけの意味ではない。資本提携の前に業務提携。
❸イノベーションは革新的技術のみにあらず。既存機能＋既存機能でもイノベーション。

Copyright(C)Japan Inforex.Inc All rights reserved confidential

提携というと、すぐに資本提携のことを連想しがちですが、資本には関係しない業務提携ももちろんあります。提携目的が相手企業を傘下に入れることではなく、組んで闘うことであれば、資本提携より業務提携が先にあるべきです。

言い換えれば、業務提携する価値がない企業とは資本提携する価値はないと思うのです。

次に、③番目のイノベーションについてです。

一般に、経済を成長させるためには資本や労働を投下するだけでは足りず、ＴＦＰ（Total Factor Productivity）、すなわち全要素生産性が必要であるといわれています。

日本経済が成長しないのは明らかに生産性が低いからであり、日本の生産性が低いのは、生産性が低い中小企業の数が多すぎることや、生産性を向上させるイノベーションが生まれていないからでしょう。

イノベーションは革新的な技術開発によるもの、とは決して限りません。シュンペーターが言っていたと思いますが、既存機能と既存機能の組み合わせによってもイノベーションは生まれます。つまり、自社の機能だけでは不可能でも、他社の機能と組み合わせることでイノベーションを起こすことが期待できるのです。

とは言っても、既存機能の組み合わせでは、既存のビジネスパラダイムを創造的に破壊するような画期的なイノベーションを期待することは難しいでしょう。しかし、企業を成長させるためには、そんな大げさなイノベーションを狙う必要はありません。

自社の生産性向上や付加価値向上に寄与するだけのイノベーションでいいのです。小さなイノベーションを積み重ねていくことで、必ず企業は成長できるものと思います。

～他人の褌の事例～

次に、他人の褌を利用した日本アクセスの事例を３つお話しします。画面にあるように、①伊藤忠商事の褌、②食品メーカーの褌、③外部人材教育機関の褌、の３事例です。

まず、①番目の事例ですが、日本アクセスは２０１１年に伊藤忠商事の子会社３社を吸収合併しました。この場合は、相手が伊藤忠商事ですから、正確に言うと他人の褌ではなく親の褌を利用したことになります。

当時の日本アクセスが総合食品卸として成長するためには、生鮮・物流・外食の3機能の強化が必要不可欠でした。そこで、伊藤忠がこの3機能を特化した100％子会社として保有していた伊藤忠フレッシュ、ファミリーコーポレーション、ユニバーサルフード、の3社を伊藤忠から分離させ、日本アクセスに吸収合併したのです。

日本アクセスはこれら3社の機能を取り込むことで、フルライン機能を強化できたわけです。

②番目の食品メーカーの褌の事例ですが、僕は戦略ターゲットに掲げた市場開発を推進するために、日本アクセスに不足する経営資源をメーカーの皆さんからお借

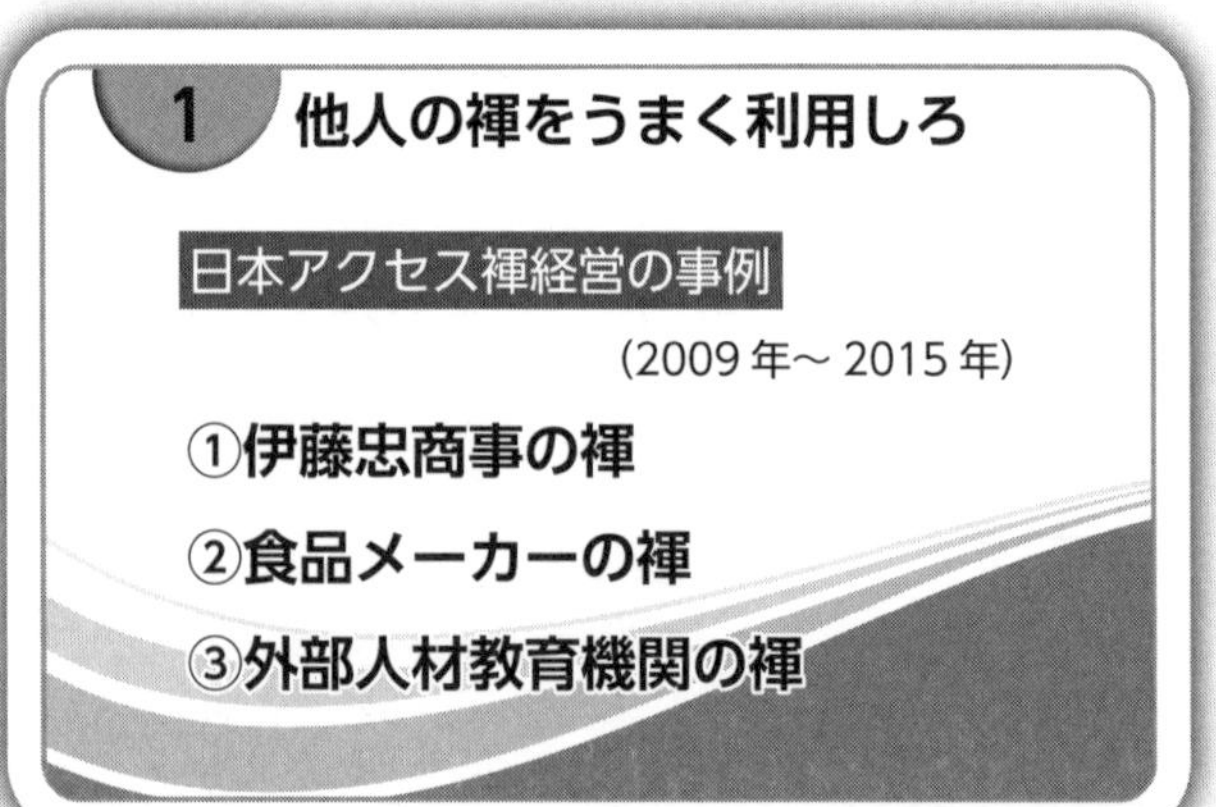
1
他人の褌をうまく利用しろ
日本アクセス褌経営の事例
(2009年～2015年)
①伊藤忠商事の褌
②食品メーカーの褌
③外部人材教育機関の褌

Copyright(C)Japan Inforex.Inc All rights reserved confidential

Copyright(C)Japan Inforex.Inc All rights reserved confidential

りしたのです。

当時社長であった僕は、今後成長が見込まれた惣菜市場と、さらに強化すべき乾麺乾物市場の二つの市場を、成長戦略におけるターゲット市場として掲げました。

しかし、それぞれの市場開発に必要な経営資源である「ヒト、モノ、カネ、情報」が当時の日本アクセスには絶対的に不足していました。

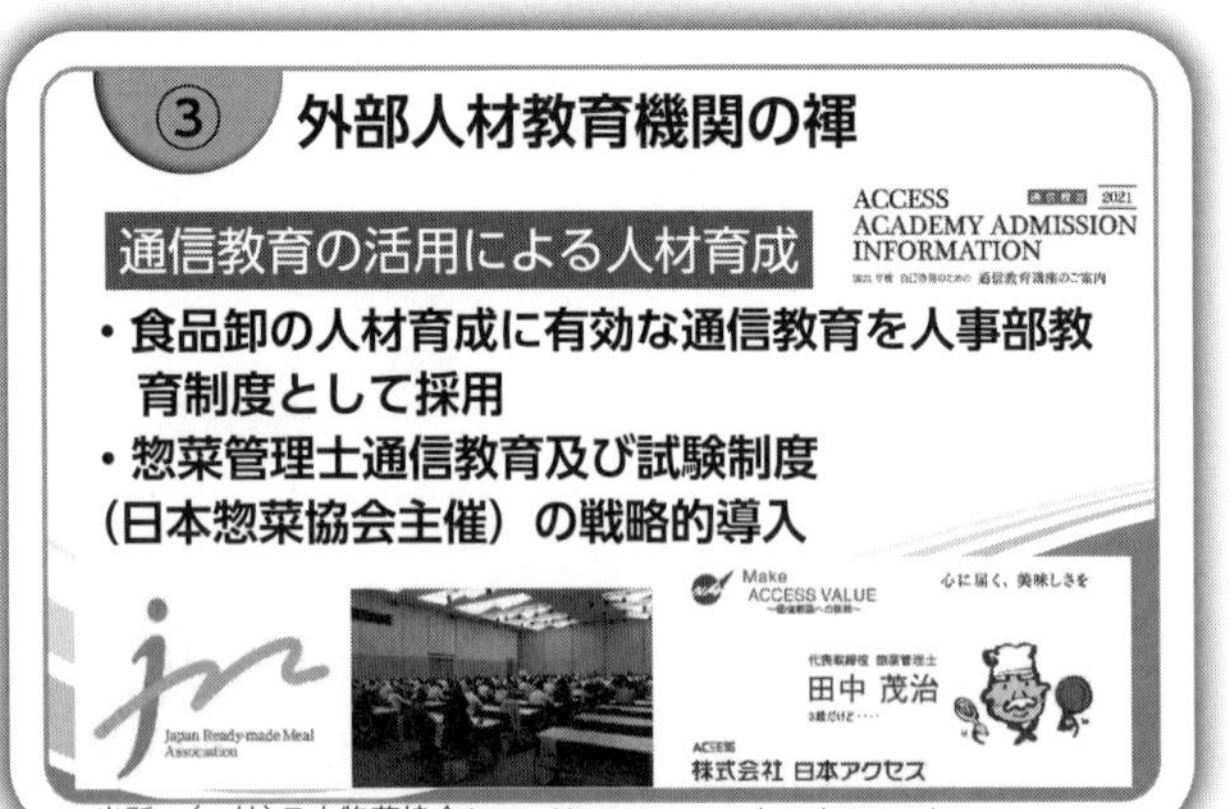
③ 外部人材教育機関の裨
通信教育の活用による人材育成
・食品卸の人材育成に有効な通信教育を人事部教育制度として採用
・惣菜管理士通信教育及び試験制度（日本惣菜協会主催）の戦略的導入
ACCESS ACADEMY ADMISSION INFORMATION
2021
Japan Ready-made Meal Association
Make ACCESS VALUE
心に届く、美味しさを
田中 茂治
株式会社 日本アクセス
出所：（一社）日本惣菜協会 https://www.nsouzai-kyoukai.or.jp/

Copyright(C)Japan Inforex.Inc All rights reserved confidential

そこで、AG研（アクセス業務用市場開発研究会）やAK研（アクセス乾麺乾物市場開研究会）を設立して、それぞれの業界におけるメーカーの皆さんの知見や、商品開発機能、マーケティング機能などをお借りすることにしたのです。

研究会の設立にあたって、僕が社内で出した指示はただ一つです。

「研究会設立の目的はメーカーとの懇親にあらず。日本アクセスおよびメーカーの双方にとって銭金とロマンの匂いのする実務レベルの会にしてほしい。」という、ちょっと下品ながらもわかりやすい（？）指示だったと自負しております。

③番目の外部人材教育機関の裨の事例では、社員の人材教育に有効な通信教育のカリキュラムを選別し、人事部の教育制度として採用しました。

つまり、社員に希望する科目を選ばせて自ら学ぶチャンスを与え、会社が通信教育の費用を補助する制度です。

社内の社員研修制度が未熟だった当時の日本アクセスにとっては、有効な教育制度でした。

とりわけ、日本惣菜協会の運営する惣菜管理士資格取得のための通信教育と試験制度は、日本アクセスが惣菜市場開発による成長戦略目標を掲げていたこともあり、全社員に積極的に取り組むよう要請しました。社長である僕自らが真っ先に勉強して挑戦し、惣菜管理士の資格を取得しました。率先垂範して実行し、社員に社長の背中を見せたわけです（画面にある僕の代表取締役惣菜管理士の名刺は、資格が取得できた嬉しさのあまり、経費を無駄遣いした証です。少しは反省しています）。

おかげで、今や日本アクセスにおける惣菜管理士有資格者の人数は、食品卸業界ダントツ№1を誇り、メーカー、小売を含む全食品流通業界においても、トップクラスに位置するはずです。

自分の褌をしっかり締め直せ ～自分の褌で伝えたいこと～

次の「自分の褌をしっかり締め直せ」で僕が伝えたいことをお話しします。

自分が今締めている褌が、自社の成長スピードやサイズに適していないのであれば、新しい褌に取り替えねばなりませんし、緩んでいるのであれば、しっかりと締め直さねばなりません。

2 自分の襷をしっかり締め直せ

伝えたいこと

❶自社の強み＆弱みを再認識すると同時に、自社の市場ポジションや企業価値をしっかり認識しておく。問題意識のない企業に成長は望めない。

❷ＥＳＧ、ＳＤＧｓは綺麗事で終わらせない。単なる目標ではなく理念への昇華が必要。
（経営環境は株主資本主義からステークホルダー資本主義へ）

❸持続的に成長するにはイノベーションと同時に対応できる自社リノベーションが必要。

Copyright(C)Japan Inforex.Inc All rights reserved confidential

そして、市場で優位に闘うためには、①にある通り、自社の強みや弱みを再認識しておくことが必要不可欠です。それを認識せずしていかなる戦略も立てられません。また同時に、自社の市場ポジションや企業価値なども、客観的な視点において再認識しておくことが重要です。

襷を締め直す前にはいったん襷を解き、素っ裸になった自分自身をしっかり見つめ直すことから始めなければならないと思います（いかに自分自身が小さかったかを自覚することでしょう。ただ、自信を無くしてもらっては困ります）。

たとえば、なぜ売上が伸びないのか？　自社の弱みは何か？　自社の労働分配率は適正なのか？　などなど、自社に関するあらゆることに問題意識をもつことが成長の原点です。

問題意識がない企業に戦略など構築できないし、戦略をもたない企業に成長が期待できるはずがありません。

次の②番目の「ＥＳＧ、ＳＤＧｓを綺麗事で終わらせない」とは、文字通りの内容です。環境対策や食品ロス削減などの社会貢献活動は、経営目標などにお題目として掲げるだけではなく、自社の経営理念のレベルにまで昇華させていく必要があると思います。

世界の企業経営価値観は、最近よくいわれているように、従来の「株主資本主義」から「ステークホルダー資本主義」に変わっているのです。社会、地域、地球環境なども重要なステークホルダーなのです。

最後の「持続的成長にはイノベーションに対応するリノベーションが必要」とは、先に述べましたように、イノベーションを実現するためにはイノベーションへの適応を可能にするためのリノベーションが必要不可欠であるという意味です。

イノベーションを真に実現するためには、他人の褌をうまく利用すると同時に、自分の褌をしっかりと締め直しておかねばなりません。

～自分の褌の事例～

では次に、自分の褌に関する日本アクセスの事例３つをお話しします。

画面にあるように、①戦略の褌、②心の褌、③企業文化の褌の３事例です。

①番目の戦略の褌に「伊藤忠のＴＯＢ受諾、ただし１００％子会社化要請拒否」とありますが、実はこの褌を締めるプロセスで、僕としてはかなりしんどい思いをしました。

このＴＯＢプロセスについての説明はちょっと話が長くなりますが、おそらく今日初めて外部に開示する内容となります。

日本アクセスが吉野前社長時代の２００６年、伊藤忠はＴＯＢを実施し日本アクセス株を60％以上持分の子会社にしましたが、２０１０年になって伊藤忠から１００％の完全子会社にしたいので、２回目のＴＯＢを行いたいとの要請を受けました。

親会社からこの要請を受けた僕にとって、大きな問題が二つありました。

一つ目の大きな問題は、このＴＯＢを受諾することは、

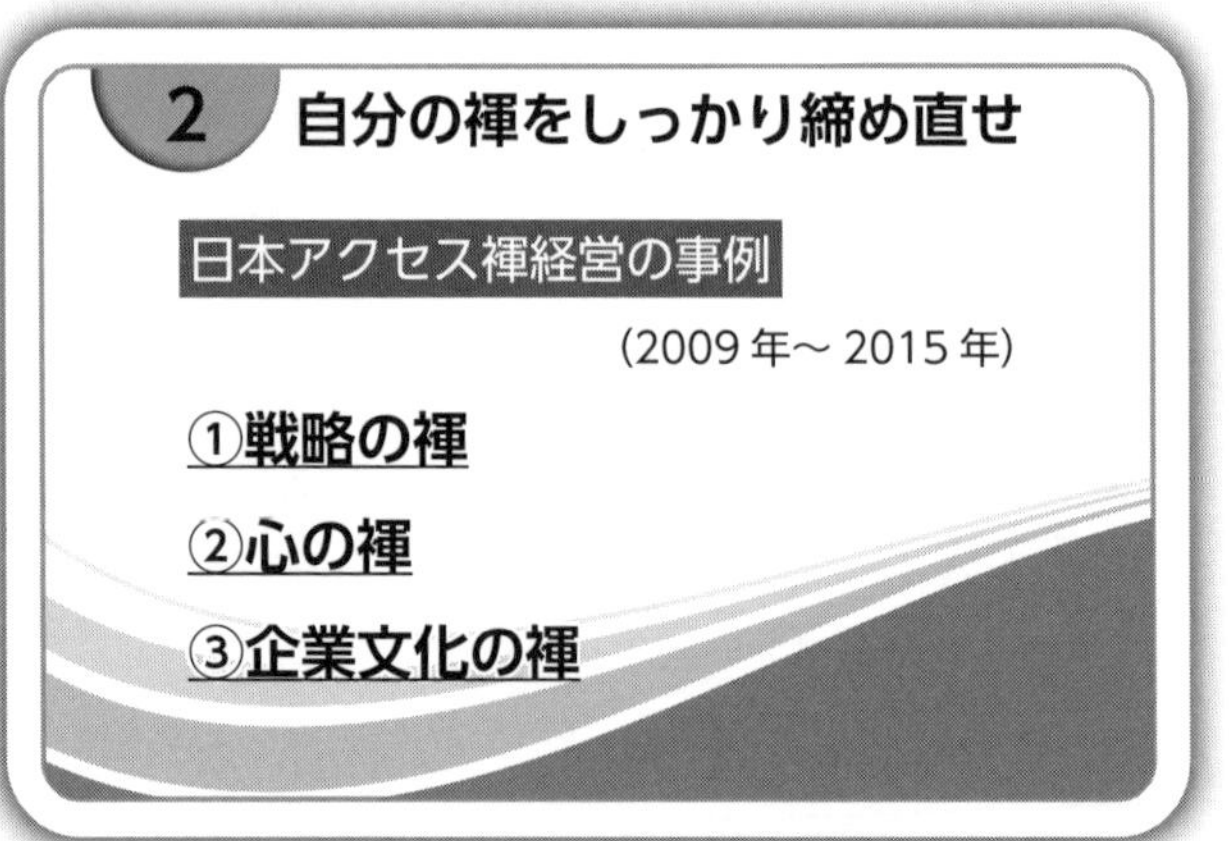
2
自分の褌をしっかり締め直せ
日本アクセス褌経営の事例
(2009 年～ 2015 年)
①戦略の褌
②心の褌
③企業文化の褌

Copyright(C)Japan Inforex.Inc All rights reserved confidential

①　戦略の褌
伊藤忠のＴＯＢ受諾。
ただし１００％子会社化要請拒否
(2010年)
・株式上場計画を断念
・上場に代わる成長戦略
ITOCHU
GROUP
日本アクセス

Copyright(C)Japan Inforex.Inc All rights reserved confidential

それまで上場準備室まで設立して計画していた株式の上場計画を諦めざるを得なくなることです。

加えて、将来の上場を楽しみにして日本アクセス株を長期にわたって保有し続けていたＯＢの皆さんの期待を裏切ることでした。

大勢のＯＢの皆さんが、島屋商事や雪印物産など、旧社時代に賞与として供与された自社株を大切に保管されており、そのまま日本アクセスの株主になっておられたのです。

この問題に対応するために僕は、株式上場を諦める代わりの条件として、上場効果を上回る成長を可能にする機能強化支援を伊藤忠に要請しました。それをＴＯＢ受諾の条件として交渉したのです。

具体的には、前述した伊藤忠の機能子会社３社を日本アクセスに無償で譲渡するよう伊藤忠と交渉したわけですが、結果何とか承諾を得ました。

そして、その上で新たに成長戦略を描き直し、OBの皆さんから上場断念と株売却のご了解を得るため、全国各地でOB会を開催し、直接OBの方々を説得して回りました。

提案した買取株価は上場した場合を想定評価したフェアバリューの最高レベル価格とし、また、上場に代わる新成長戦略についても誠意をもって説明したので、なんとかTOBに賛同いただき、問題を解決することができました。

二つ目の大きな問題とは、伊藤忠が連結納税制度での節税効果を狙い、100%の子会社化を要請してきたことです。

この要請だけは、いかに伊藤忠の要請といえども、僕は断じて受け入れませんでした。

拒否した理由は明確です。伊藤忠の100%子会社にすることは、日本アクセスの生みの親であり、当時第2位の株主でもあった雪印乳業の持株をゼロにすることを意味したからです。

生みの親に対して血縁関係を切ってくれ、と要請することと同じです。

雪印乳業の立場に立てば、あの不幸な事件のせいで可愛い子どもを養子に出さざるを得なくなってからまだ数年しか経っていないのに、血縁までも切ることの要請に応じられるはずがありません。かつては雪印ブランドの下で育ってきた旧雪印アクセスの大勢の社員たちにも余計な動揺を生じさせます。

日本アクセスの最重要取引先でもあった雪印乳業との資本関係を無くすることは、当時の日本アクセスにとってはマイナスでしかなく、また、株売却を要請すること自体、雪印乳業と伊藤忠グループ間で感情的なＣＯＮＦＬＩＣＴを起こし、両社グループの関係に亀裂を生じさせる、と主張して徹底的に反対したのです。

結果として伊藤忠は、ＴＯＢの株買取対象企業から雪印乳業だけを除外することを渋々了承してくれました。ただ、親会社の意向に沿わなかった僕は、伊藤忠の上層部からはかなり嫌われたものと思います。

僕は時代遅れの男なので、僕が間違っているかもしれませんが、伊藤忠をはじめ後輩たちには数字や理ばかりを追わず、「人の情」をよく理解した経営をしてほしいと思っています。

もちろん、やむなく情よりも数字や理を優先せざるを得ない場合はあると思います。

しかし、それはあくまでも有事の場合に限定してほしいものです。

以上のように種々問題はありましたが、結果として日本アクセスは伊藤忠商事と雪印乳業の二人株主となったわけです（なお、現在は伊藤忠１００％子会社となっています）。

このＴＯＢによって日本アクセスが締め直したのは、資本の褌というよりは、成長戦略の褌だったと思います。

②番目の心の褌「企業理念再構築プロジェクト」は、日本アクセスの存在価値や存在意義を、

改めて自分たち自身で再認識し直す貴重なプロジェクトでした。

僕が企業理念を再構築しようと考えたのは、この2012年が設立20周年の前年だったため、その記念行事の一環としての意味もありましたが、そもそも企業理念を再構築する必要性を強く感じたからなのです。

日本アクセスは、それまで過去数年にわたって西野商事や伊藤忠フレッシュなど数社との合併を積み重ねて大きくなってきました。つまり、表現は悪いけど大勢の社員たちが数社からの寄せ集めであり、かつてはそれぞれ別の企業の別々の企業理念のもとで仕事をしてきた経緯があるわけです。

そこで、日本アクセスの企業理念を全社員に統一徹底させることで、企業としての求心力を強化する必要があったのです。

しかし、僕は既存の日本アクセス企業理念を新たに合流した社員たちに押しけるつもりはありませんでした。

この機会をとらえて、社員たちが企業理念について学び、日本アクセスの存在価値とは何か？についてとことん追求することにより、企業理念を自分たち自身の手で再構築するチャンスにしたい、と考えたのです。

そこで僕は、社内に理念再構築のための全社横断タスクフォースチームを結成し、1年間の社内限定プロジェクトとして推進しました。メンバーは全国各地の経営幹部によって推薦された20名の若手社員限定としましたが、経営側の代表として経営企画部長と社長である僕の2名がTFメンバーとして参加し、社外からは著名な理念経営のコンサルタント会社を起用しました。

そして完成した新しい企業理念が、「心に届く美味しさを、まもる、つなぐ、つくる」です。

完成してみれば、このような簡潔な理念になったわけですが、この理念に辿り着くまでにタスクフォースチームのメンバーたちは、1年間にわたり数十時間もの座学や会議、研修を重ねてきたのです。彼らは自分たちの各持ち場から全社員に、理念経営の重要性を発信して伝える伝道師的な役割も果たしてくれました。

僕はこのプロジェクトを、若い社員の人財育成目的も兼ねたプロジェクトとして、密かに位置づけていました

Copyright(C)Japan Inforex.Inc All rights reserved confidential

が、タスクフォースメンバーたちはこのプロジェクト経験を通じて、僕の目論見通り、たくましく成長してくれたものと確信しております。

このように企業理念を再構築することで、日本アクセスの企業精神というか、「心の褌」を締め直すことができたと思います。

③番目にある企業文化の褌を締め直したことは、大げさな言い方かもしれませんが、日本アクセスにとっては、文化大革命だったといえると思います。

日本アクセスの経営は、創業以来、商品縦割りの文化でした。

会計もシステムも営業組織も、すべての管理や組織が商品を基軸としており、たとえば、どの商品がどれだけ売れて、いくら儲かっているのかは容易にわかるけど、どこで、なぜ損をしているのか？などが非常にわかりにくい経営文化でした。つまり、商品第一主義の経営文化だったのです。

日本アクセスが創業以来、乳業メーカーの販売会社的存在だったことにも要因があるのかもしれませんが、経営の価値観は明らかにプロダクトアウトでした。

しかし、市場環境はすでにプロダクトアウトからマーケットインに移行しており、日本アクセスもこの変化に対応せざるを得ませんでした。商品軸中心の経営から顧客軸中心の経営に価

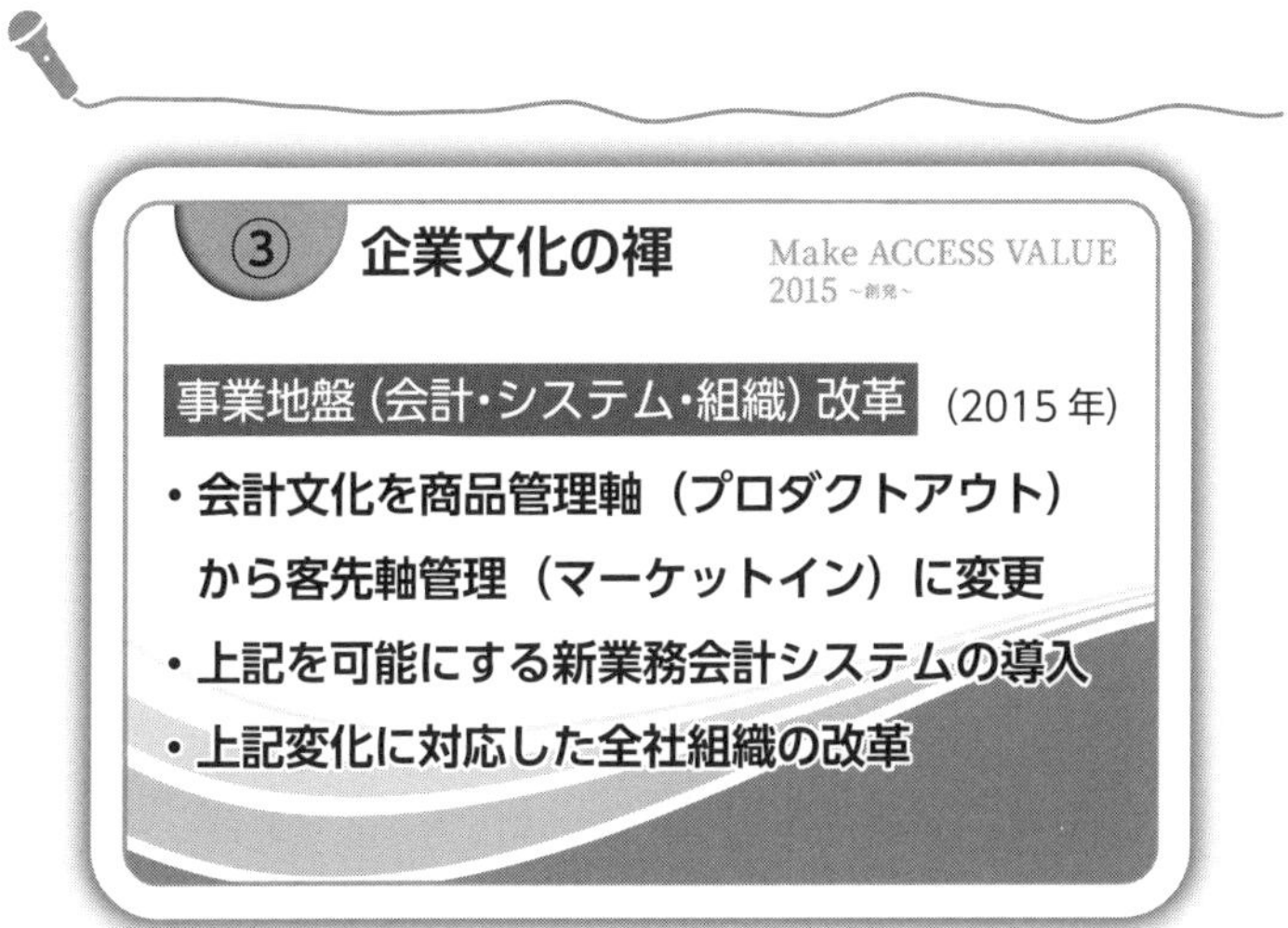
③
企業文化の褌
Make ACCESS VALUE
2015 ~創発~
事業地盤（会計・システム・組織）改革
（2015年）
・会計文化を商品管理軸（プロダクトアウト）から客先軸管理（マーケットイン）に変更
・上記を可能にする新業務会計システムの導入
・上記変化に対応した全社組織の改革
Copyright(C)Japan Inforex.Inc All rights reserved confidential

値観や文化を改革しなくてはならなかったのです。

会計管理の文化を改革しようとすれば、当然、基幹業務システムの改革が必要になります。

この改革を人間でたとえていえば、血液を総入れ替えするような大手術です。

巨額の費用がかかるし、痛みも生じます。実際に導入当初は予定していた通りにシステムが稼働せず、入力ミスやバグが多発して会計が大混乱しました。ひょっとすると決算を締めることができないのではないか？と大きな不安を感じるほどでした。

次に組織についてですが、従来から営業組織はドライ食品課、チルド食品課、冷凍&アイス食品課などの商品カテゴリー別に編成されていました。

それをリシャッフルして客先別に営業を再編成したわけです。この改革では、営業担当の社員たちに負荷をかけました。なぜなら、それまで特定商品のスペシャリス

Always Keep Your Fundoshi Clean & Tight!!

Copyright(C)Japan Inforex.Inc All rights reserved confidential

トとして育ってきた社員たちに、突然明日からすべての商品に責任を負うゼネラリストになることを要請することになったからです。

当然、社員たちにとっては大きな負担になったでしょうが、一方では彼らを成長させる大きなチャンスになったものと思います。

さてさて、皆様にお伝えしたい僕のメッセージは以上であります。

予定時間を多少オーバーしたかも知れませんが、これで僕の「褌メッセージ」を終えたいと思います。

最後に一言。Always Keep Your Fundoshi Clean & Tight !!

いつ、誰に見られてもいいように、自分の褌は常に綺麗に保ち、また、しっかりと締めておき、いつでも闘える準備をしておいてください。

闘いの最中に褌が外れ落ちてアタフタすることがないよう、くれぐれも気をつけてください。

ご静聴ありがとうございました。

〈著者の略歴〉

田中 茂治（たなか しげはる）

日本アクセス元会長兼アクセス乾物乾麺市場開発研究会創始者

1952年生まれ、愛知県出身。74年伊藤忠商事入社。2002年執行役員就任、06年食料カンパニープレジデント、同年常務取締役就任。09年日本アクセス代表取締役社長に就任後、伊藤忠グループとの経営統合を通じて生鮮・デリカ・外食の戦略事業を拡大。従来の物販のみの卸売業のビジネスモデルを伊藤忠の経営資源を活用しながら変革した。16年代表取締役会長、17年取締役会長、18年相談役。

滝椎戸寒《たきしいどかん》の乾物日記

定価 1,540 円（本体 1,400 円＋税 10％）

2023 年 9 月 18 日　初版発行

発行人　杉田　尚
発行所　株式会社日本食糧新聞社
編集　〒101-0051　東京都千代田区神田神保町 2-5 北沢ビル
電話 03-3288-2177　FAX03-5210-7718
販売　〒104-0032　東京都中央区八丁堀 2-14-4 ヤブ原ビル
電話 03-3537-1311　FAX03-3537-1071
印刷所　株式会社日本出版制作センター
〒101-0051　東京都千代田区神田神保町 2-5 北沢ビル
電話 03-3234-6901　FAX03-5210-7718

ISBN978-4-88927-291-8 C0034
本書の無断複製・複写（コピー、スキャン、デジタル化等）は
禁止されています（但し、著作権法上の例外を除く）。
乱丁本・落丁本は、お取替えいたします。